愛犬のための

症状・目的別栄養事典

講談社

POINT 1 症状や目的に合わせた体に効く＆おいしい栄養がわかる！

幼犬期から老犬期まで愛犬の生涯の食事をサポート。健康維持期から病気の際の療法食まで「食材早見表」と「レシピ」でわかりやすく紹介します。愛犬の隠れた病気を発見するチェックシート（P62）もご活用ください。

POINT 2 基本的な食事の与え方

手づくり食の全量の目安は犬の頭のハチ（耳の付け根から上の大きさ）くらい。我々が「食事摂取基準」どおりに１日30品目を欠かさずに食べなくても大丈夫なのと同じで、いろんな食材を食べることを心がければ、栄養バランスが崩れることはありません。人間の残りものや、冷蔵庫に残った食材でOKなのです。

1群	2群	3群
穀類	肉・魚	野菜
1	1	1

1：1：1

症状・目的別／必要な栄養素一覧

健康維持

幼犬（生後～５カ月）…体を作るたんぱく質、骨や歯の主成分カルシウム
母犬（妊娠期・授乳期）…骨や歯の主成分カルシウム
成犬（小型犬／約８カ月～10歳　大型犬／約２歳～６歳）
…食材早見表１群～３群を１：１：１でバランスよく摂取。
老犬（小型犬…約10歳～12歳　大型犬…約７歳～）
…免疫力や酵素反応を正常に保つビタミン、ミネラル
運動量の多い犬（アジリティドッグ）…筋肉生成の主成分たんぱく質。
抗ストレスで丈夫な体を作るビタミンA、B_6、C、E

症状改善

口内炎・歯周病…細菌に感染しないよう粘膜を強化するためのビタミンA。
体全体の機能を強化するビタミンB群
細菌・ウイルス・真菌感染症…粘膜を強化するビタミンA。
抗酸化ビタミン、ビタミンC。感染症を予防するEPA、DHA
排泄不良…排泄を促すイヌリン、サポニン。肝機能を強化するタウリン。
抗酸化物質として知られるポリフェノールの一種であるアントシアニン。
アトピー性皮膚炎・アレルギー性皮膚炎…抗酸化物質グルタチオン。
体内の病原体排除に役立つEPA、DHA。肝機能を強化するタウリン。
ガン・腫瘍…免疫力強化のためにビタミン、ミネラル。
病原体対策に効果的なEPA、DHA。有害物質を排出する食物繊維。
膀胱炎・尿結石症…病原体の侵入を防ぐビタミンA。
膀胱の粘膜を強化するビタミンC。免疫機能を助けるEPA、DHA。
消化器系疾患・腸炎…胃腸の粘膜を保護するビタミンA。
粘膜を修復するビタミンU。腸内環境を良好にする食物繊維。
肝臓病…良質のたんぱく質で肝機能の再生を促進。
腎臓病…たんぱく質の摂取制限に役立つ、植物性たんぱく質。
体内からの病原体排除に役立つEPA、DHA。抗酸化物質アスタキサンチン。
肥満…エネルギー代謝を助けるビタミンB_1、B_2。
ダイエット効果が期待できるクエン酸。
余分な糖質や脂肪の排出を促す食物繊維。
関節炎…必須アミノ酸をバランスよく含んだ動物性たんぱく質。
関節が円滑に動くのをサポートするコンドロイチン。
骨の修復を促すグルコサミン。
糖尿病…体内の老廃物を吸着して排泄を促す食物繊維。
心臓病…血液中の脂質濃度を低下させる水溶性食物繊維。
血流をよくするEPA。
白内障…ビタミンCの抗酸化物質が視力低下を抑えるのに役立つ。
外耳炎…カリウムの利尿作用と水分の多い手作り食で排泄を促す。
ノミ・ダニ・外部寄生虫…カリウムの利尿作用と水分の多い手作り食で
排泄を促す。

とっても
カンタン

食材早見表を参考にしながら
まずは気軽に始めよう！

具だくさんのおじやが基本です

いろいろな食材をバランスよく飲み込める大きさに切って煮込む

手作り食の基本って何？

いろいろな食材を飲み込みやすいサイズにして煮込んだ「おじや・汁かけごはん」が基本です。

ときどき「ごはんや野菜だけでは、たんぱく質をとれない…」という方もいますが、ごはんや野菜にもたんぱく質は含まれています。実際、全国にはアレルギーなどの理由から肉や魚が食べられないベジタリアンの子がいますが、それで体調が悪くなることはなく、いたって健康的に暮らしています。

食材早見表の使い方

食材の選び方については結果重視で、できるだけシンプルに考えます。

左の早見表では、食材をわかりやすく1～3群に分けました。それぞれの目安量を指標にして、台所の食材や広告の「今日のお買い得品」から選ぶという使い方をしていただきたいと思います。

食べ残すこともありますし、分量を厳密に量る必要はありません。とにかく、難しく考え過ぎないで、ぜひとも気軽に始めてみてください。

基本のおじやの作り方 簡単レシピ例

Step1 鍋に食べやすい大きさに切った、にんじん、ブロッコリー、かぼちゃ、しいたけ、ほうれんそう、鶏肉を入れる。

Step2 さらに、通常食べているフードの４分の１量程度のごはん（玄米）を加え、削りガツオひとつかみを入れる。

Step3 具材がつかるくらいひたひたに水を張ったら、火にかける。

Step4 食材に火が通ったら、火を止めてごま油を風味づけにかける。

Step5 冷めたら器に盛って、削りガツオをトッピングして完成。

手作り食＝３群+水+α

+α　風味づけグループ

だし（肉・魚の煮汁
カツオだし・昆布だしなど）
煮干し・削りガツオ
ちりめんじゃこ

+α　油脂グループ

オリーブ油
植物油
（コーン油・キャノーラ油）
ごま油・鶏皮

1群　穀類グループ

白米・玄米
五穀米
うどん・そば
ハトムギ
さつまいも

2群　肉・魚・卵・乳製品グループ

牛肉・豚肉・鶏肉・レバー
白身魚・青魚・赤身魚
シジミ・アサリ・卵
ヨーグルト

3群　野菜・海藻グループ

ほうれんそう・にんじん・ごぼう
大根・きゅうり・トマト・じゃがいも
さつまいも・かぼちゃ・パプリカ
カリフラワー・ブロッコリー
キャベツ・なす・しいたけ
えのきだけ・干ししいたけ・昆布
わかめ・ひじき・納豆・豆腐
小豆・大豆

愛犬の元気のもとになる
エネルギー源として最重要！

1群 穀類グループ

穀類は手作り食のベース。ふだんの家族の食事に合わせて、同じものを食べさせましょう。ただし、添加物の多いパンは控えめに！

白米

どのご家庭でもあるおなじみ食材。おじや、汁かけごはん、炒めごはんと何にでも使えます。残りごはんでもOK。

玄米

ヌカ層にビタミンが豊富。元気のもとになるビタミンB_1、新陳代謝に必須のB_2、血管強化のD、老化を防ぐEなどが含まれています。

そば

ルチンという特徴的な栄養素を含み、ビタミンCとともに作用して毛細血管を強くします。栄養価が高く、低カロリーなのも魅力。

うどん

やわらかく食べやすい食材です。昆布だし、じゃこだしのうどんは犬も大好き。少々長くても器用に食べてくれますので、安心です。

おなじみ食材の米やめん類の他に栄養豊富な雑穀を利用しよう！

ヒエ

穀物アレルギーになりにくい食材といわれています。食物繊維が豊富なため、血糖値やコレステロール値が気になる子におすすめです。

キビ

穀物中もっとも低カロリーで、繊維、たんぱく質も多い食材です。ビタミンB群が多く含まれ、病気に負けない体力作りに役立ちます。

アワ

肝機能の向上や筋肉強化に注目されている食材です。ビタミンB群の多いのが特徴。低カロリーで、ダイエット効果も期待できます。

さつまいも

食物繊維が豊富で便通にも有効。胃腸が弱い犬には、特におすすめの食材です。レンジで温めるより、じっくり蒸す方が甘くなります。

パスタ

歯触りを好む犬が多いようです。気になる塩分も排泄できるので大丈夫。サラダ用のパスタなど、好みに応じて与えてください。

大麦

セレンやポリフェノールなどの成分を含み、動脈硬化やガン予防の効果が期待されます。消化不良・便秘対策にも有益な食材です。

Dr.須﨑の ワンポイントアドバイス

手作りとなると、水分量をとかく気にする人がいます。確かに体の毒素の排出を促すには、水分でひたひたにした方がいいでしょう。でも、炒めごはんであってもドライフードに比べると何倍もの水を含んでいます。炒めごはんから汁かけごはんまで、幅広く考えましょう。

愛犬の大好物で健康増進！
丈夫な体を作る動物性たんぱく質

2群 肉・魚・卵・乳製品グループ

肉や魚は大好物という愛犬も多いはず。豊富なたんぱく質が丈夫な体を作ってくれます。成長期の犬には、特に多めに食べさせましょう。

体を作るたんぱく源として必須
ダイエット中には鶏肉や白身魚を！

牛肉

赤身肉にはヘム鉄、亜鉛が豊富に含まれています。貧血や疲労回復、虚弱体質、キズの治りにくさなどの改善効果が期待できます。

鶏肉

やわらかくて脂質が少なく、消化吸収率95%という食材です。脂肪が集中している皮を除けばダイエット中のたんぱく源としても理想的。

豚肉

疲労回復、成長促進に有益なビタミンB_1や脂質代謝に関係するビタミンB_2、食欲不振を改善するナイアシンが豊富。加熱調理が原則。

レバー

鉄分やビタミンAが豊富な食材。ちなみにビタミンAを含む順は鶏>豚>牛。免疫力を高め、貧血が気になるケースでよく使われます。

カッテージチーズ

ダイエット食品として人気の食材で、脱脂乳、または脱脂粉乳を固めて、水分を切っただけの熟成させないフレッシュチーズです。

白身魚

脂肪分が少ないので、鶏肉同様ダイエット中のたんぱく源に利用されます。やわらかく消化吸収率も高いため、離乳期にもおすすめ。

シャケ

シャケの赤い色には、アスタキサンチンという抗酸化作用を持つ成分が含まれています。血管を健康に保ち、白内障予防にも有効です。

卵

ビタミンCと食物繊維以外の栄養素をすべて含み、特にA、B_2、Dが豊富。赤卵と白卵は鶏の品種による違いで、栄養価は変わりません。

貝類

アサリやシジミにはタウリンが多く、肝機能強化や血中コレステロール値の低下に有効です。シジミには貧血予防効果も期待できます。

青魚

脂質に不飽和脂肪酸のEPAやDHAが豊富に含まれていて、血液や血管の状態を良好にサポートします。鮮度維持が重要な食材です。

Dr.須崎の ワンポイントアドバイス

お刺身など、愛犬に生魚をあげるのに抵抗感を持つ人が多いようです。でも、人間が生で食べられるのですから、もちろん犬が食べても大丈夫。たとえばマグロはたんぱく質含有量が26%と魚肉でもっとも多く、老化を防ぐセレンも含みます。ぜひ積極的に食べさせてください。

高い栄養価で不調を改善！
体内バランスをきちんと整える

3群 野菜・海藻グループ

ヘルシーな食材として、まず思い浮かぶのが野菜や海藻。体の老廃物を取り除いたり、免疫力を高めるなど、さまざまな効果が期待できます。

病気を防ぐ有効な成分がいっぱい
毎日たっぷり食べさせたい！

ブロッコリー

スルフォラファンの抗ガン作用に加え、インシュリンの分泌を促すクロムを含みます。糖尿病予防の観点から注目を集めています。

にんじん

抗酸化力の強いα-カロテン、β-カロテンが豊富で生活習慣病予防に有益です。甘くて歯ごたえがあるため、大好きな犬が多いようです。

きのこ

免疫力を高めるβ-グルカンなどの多糖類が含まれています。フードプロセッサーなどで細かくし、煮込んで使用してください。

かぼちゃ

3大抗酸化ビタミンのβ-カロテン、ビタミンC、Eが豊富に含まれています。血行促進、細胞再生、重金属の排泄などに有益に働きます。

大豆

アミノ酸をバランスよく含む良質なたんぱく質に富んでいます。大豆イソフラボンには、ガンを防ぐ効果もあるといわれています。

豆腐

たんぱく質は木綿豆腐、ビタミンは絹ごし豆腐に多く含まれます。大豆アレルギーの犬でも豆腐には症状が出ない場合はよくあります。

ほうれんそう

β-カロテンやビタミンC、鉄などが豊富で、感染症・貧血対策として有益。ビタミンEを含む食品と共に摂るとガン予防効果がアップ。

ひじき

カルシウム含有量は海藻の中で最高です。きのこに含まれるβ-グルカンや海藻のフコイダンなどの免疫力強化成分をサポートします。

昆布

ヌルヌルした成分は水溶性食物繊維のアルギン酸やフコイダンです。抗ガン・抗菌作用があり、生活習慣病対策としても有益です。

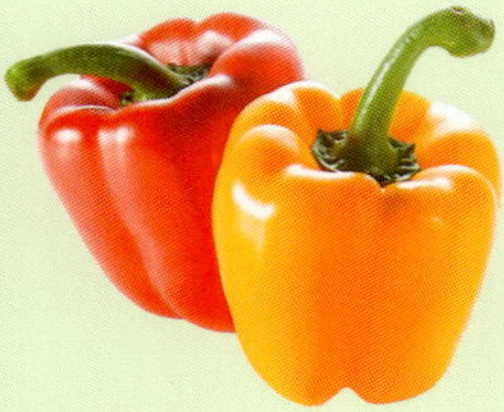

パプリカ

緑のピーマンが完熟すると赤や黄色に変化します。甘みがあり、栄養価も高く、抗酸化物質の働きで皮膚や粘膜の抵抗力を強めます。

Dr.須崎の ワンポイントアドバイス

カルシウムの供給源として、海藻はとても役に立ちます。ただ、そのままの状態で食べさせても、なかなか体の中にとり込めません。できるだけ細かく刻んで、グツグツと煮込んでください。水に溶け出した成分が特に重要なので、スープをしっかりと飲ませることが大切です。

手作り食に欠かせない油を厳選！
仕上げの香りづけにも効果的

油脂
グループ

毎日の手作り食に油はなくてはならないもの。加熱調理で酸化されにくく、健康に良い植物性の油を選んで、上手に利用しましょう。

栄養効果の高い油でバランス向上
仕上げにかければ食欲も増進！

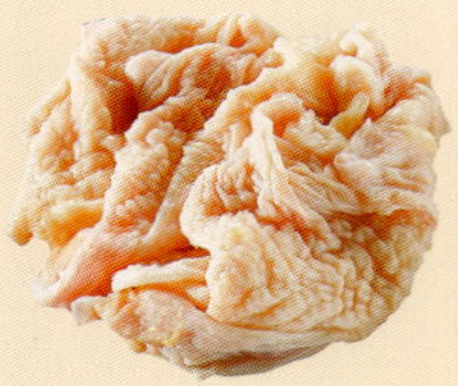

鶏皮

鶏の脂身は軽く表面が焦げる程度に炒めると非常に香りがよくなります。もっと食べてほしいときの隠し球として覚えておきましょう。

オリーブ油

酸化しにくく、一般的にもっとも体にやさしい油といわれています。ガン予防や糖尿病対策、便秘対策などに広く活用されています。

ごま油

香ばしい香りが特徴的で、オレイン酸やリノール酸を多く含みます。セサミンなどの強い抗酸化物質の働きにより肝機能強化にも有効。

コーン油

とうもろこしの胚芽を搾った油は酸化しにくく、加熱に強い特徴があります。リノール酸60％、オレイン酸25％を含みます。

菜種油（キャノーラ油）

キャノーラ種の菜種から搾った油で、骨粗しょう症を予防するビタミンKを含みます。飽和脂肪酸は油脂類の中で最少量です。

基本のスープをしっかり手作り
栄養の吸収率もアップ！

風味づけグループ

手作り食の特徴は市販のフードより水分が多いこと。ベースになるだしは特に重要。ひと手間かけていい香りのするスープを作ってください。

犬の大好きな香りを漂わせる たっぷりスープで消化もスムーズ

煮干し

カルシウム、鉄分を豊富に含みます。塩分が気になるところですが、十分な水分があれば過剰な分は排泄できますのでご安心を。

ちりめんじゃこ

愛犬が好む香りづけとしてはもっとも簡単で、使いやすいだしです。たっぷり使って、カルシウムの補給に役立ててください。

削りガツオ

旨味成分であるイノシン酸を含み、DHAやEPAも豊富。カツオ節と粗削りガツオのどちらでも、犬は喜んで食べます。

トロロコンブ

風味づけはもちろん、トッピングにも便利。植物性のものを入れ忘れたというときのために、ふだんから常備しておくといいでしょう。

小エビ

タウリンに富み、肝機能の強化に有益。赤い色素のアスタキサンチンは免疫力を強化して、発ガン防止や老化防止に役立ちます。

体質を改善して

いつも病気がちだった愛犬が
みるみる元気に変身！

手作りごはんで健康な体を取り戻す

1カ月くらいで変化に気づき半年たつ頃には体験談が書ける!?

体質改善のカギは排泄

当初、手作りごはんをすすめ始めた頃は食材を何グラムと厳しく指導しました。でも、面倒なのでほとんどの飼い主さんは手抜きをするように。ところが、かえってそれがよかったんです。目分量で作っても、よくなる例が次々と出てきました。

では、ドッグフードと何が違うのか。それは水分量です。体質改善のカギは排泄。たくさんのオシッコを出せるようになったことで、体内の老廃物が排出されたのです。

焦らずに続けていこう

手作りごはんに変えると皆さん、1カ月で愛犬の変化に気づき、3カ月で確信を持て、半年もたつ頃には次ページのような体験談を書けるようになっているでしょう。

ただ、多少の個体差はあります。代謝がいいほどすぐに変化が表れますが、老犬や冷え症の犬はもう少し時間を要するかもしれません。今まで、どれほど体に悪い毒素などをため込んでいたかによって変わりますので、焦らずに続けてください。

case1

長野県・長谷川さん<パグ>

アレルギー性皮膚炎

＊手作り食を始めた理由

愛犬マイキー（パグ・3歳）がアレルギー性皮膚炎に悩まされていたところ、須﨑先生のサイトや著書を拝見しました。また、老犬講座でも勉強させていただき、先生のお考えを参考に実践してみようと思いました。

＊食材で気をつけた点

まず、アレルゲンテストを受けさせてアレルゲンを突き止め、特定しました。そのアレルゲンとなる食材を除去した食材を用いるように注意。徐々に手作り食に切り替えていきました。

＊経過段階

ザラザラとしていた皮膚がどんどんきれいになっていきました。3カ月たった今では、かゆみもあまりないようで、赤黒かった皮膚がピンク色に。皮膚だけでなく、涙やけのあった目の下もきれいになりました。

＊感想

当初は少し抵抗感もあったのですが、手作り食の効果は予想以上。効果がはっきりと表れてくるので驚きました。始めてよかったなと実感しています。これからも続けて、様子を見ていきたいと思います。本当にありがとうございました。

before

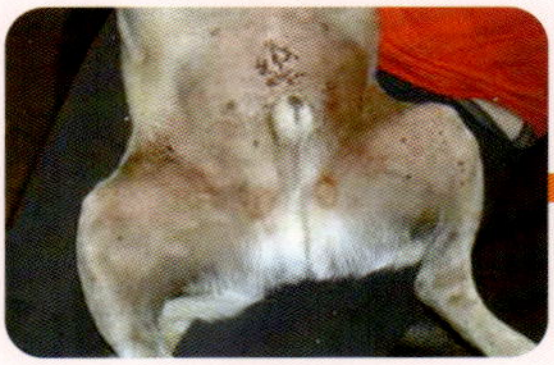

after

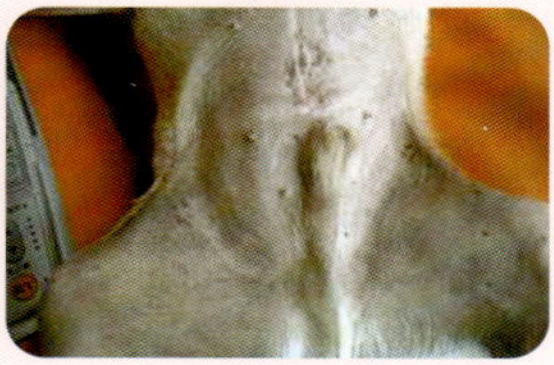

case2

千葉県・鶴岡さん＜ラブラドールレトリーバー＞

排泄不良

＊手作り食を始めた理由

ペットシッターとしてパピーの頃からお付き合いのあるラブラドールのゴン太くんが指の間に炎症を起こし、2年以上病院に通いましたが一向に変化がなく、何とかしてあげたいと思って始めました。

＊食材で気をつけた点

なるべく国産のものを使うように心がけています。初めのうちはどうしても換算表（P31参照）どおりの量や食材にこだわっていましたが、個体によって好き嫌いや量の違いがあるのを感じ、その点には気をつけています。

＊経過段階

3カ月くらいたった頃、毛のなかった部分から産毛が生えてきました。このときは、とても感動してうれしかったです。その後はみるみる毛が生えてきて、6カ月後にはすっかり毛が生え揃い完治しました。

＊感想

完治後、飼い主さんが動物病院に行ったところ「どうして治ったんですか？」と逆に質問されたそうです。もう10歳になろうかという年齢ですが、全く病気もなく元気に暮らしています。この先も、ずっと手作り食を続けていきたいと思います。

before

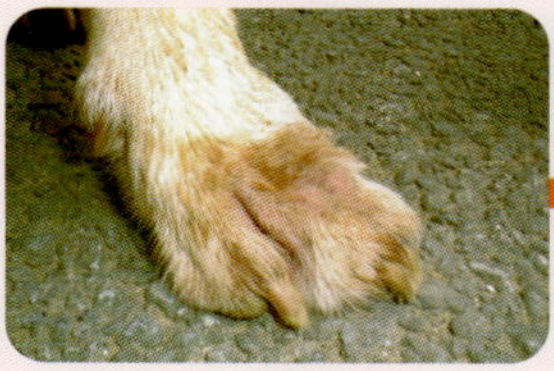

after

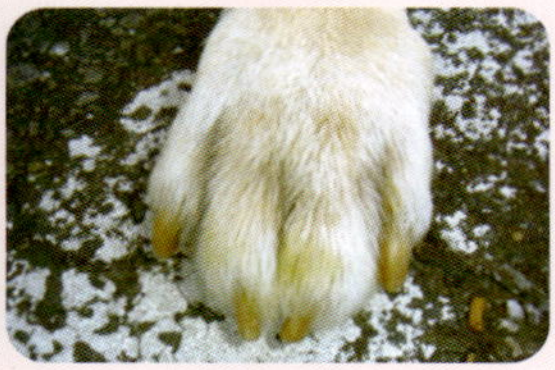

case1 長野県・長谷川さん

アレルギー性皮膚炎に効く 実例レシピ例

Step1 ミルクパンに水を張り、
細かく刻んだ昆布を入れて火にかけ、だしをとる。

Step2 シャケ、ごぼう、小松菜、にんじん、大根を
食べやすいサイズに切る。

Step3 沸騰した**1**に**2**の食材を入れ、やわらかくなるまで煮込む。

Step4 器にごはんを盛り、その上に冷ました**3**をかける。

Step5 最後に、風味づけとしてティースプーン1杯くらいの
ごま油をかければ、できあがり。

case2 千葉県・鶴岡さん

排泄不良に効く 実例レシピ例

Step1 ミルクパンに水を張り、
鶏肉と煮干しを入れて火にかけ、だしをとる。

Step2 さつまいも（季節によりじゃがいも）、こんにゃく、しいたけ、
ひじき、納豆、わかめ、ピーマン、にんじん、大根（葉っぱも）
そして**1**の鶏肉をフードプロセッサーで細かくする。

Step3 **2**と5分づき米を**1**に加え、一緒に煮込む。

Step4 最後に、風味づけとしてティースプーン1杯くらいの
エクストラバージンオリーブ油をかけてできあがり。

愛犬のための 症状・目的別栄養事典 CONTENTS

第1章 健康維持のための栄養事典

第2章 症状・病気別栄養事典

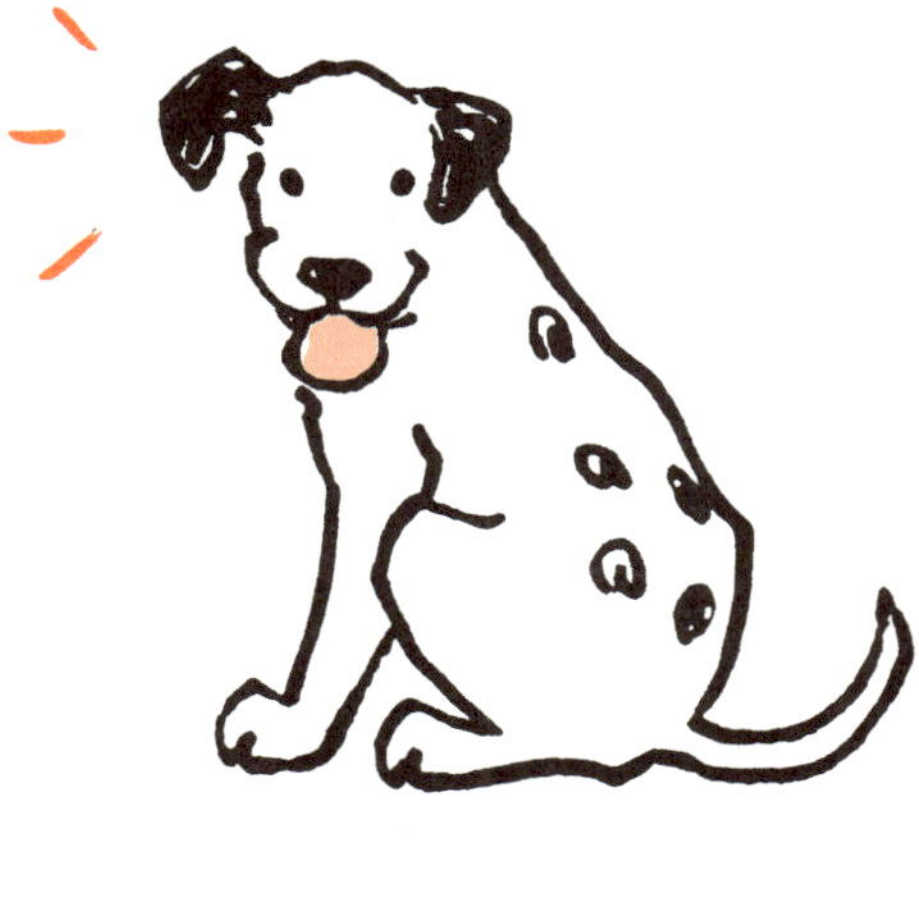

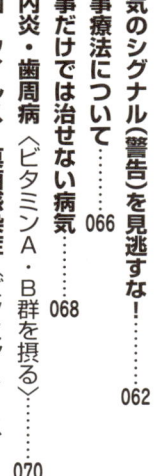

第3章 体に効く食べもの栄養事典

ドッグフードに含まれる成分〈ドッグフードの成分を身近な食材に置き換え〉……136
鶏卵〈生活習慣病予防、老化防止〉……142
牛肉〈成長促進、貧血改善〉……143
鶏肉〈動脈硬化予防、肝機能強化〉……144
豚肉〈皮膚の健康維持、血行促進〉……145
レバー類〈肝機能強化、感染症予防〉……146
羊肉〈滋養強壮、貧血・冷え症の改善〉……147
貝類〈疲労回復、コレステロール低下〉……148
アジ〈老化防止、コレステロール除去〉……149
イワシ〈血栓予防、骨や歯の強化〉……150
カツオ〈疲労回復、スタミナ強化〉……151
シャケ〈生活習慣病予防、骨や歯の強化〉……152
タラ〈肝機能の改善・強化、ガン抑制〉……153
マグロ〈老化防止、心臓病予防〉……154
煮干し、小魚〈骨・歯の強化、精神安定〉……155
かぼちゃ〈老化防止、感染症対策〉……156
カリフラワー〈ガン予防、抗ストレス〉……157
キャベツ〈抗かいよう、ガン予防〉……158
ごぼう〈腎機能強化、解毒促進〉……159
小松菜〈ガン抑制、解毒促進〉……160
さつまいも〈ガン・生活習慣病予防〉……161
大根〈腎機能強化、整腸〉……162
トマト〈老化防止、ガン抑制〉……163
なす〈夏バテ解消、高血圧予防〉……164
にんじん〈動脈硬化、白内障予防〉……165
ブロッコリー〈ガン・生活習慣病予防〉……166
ほうれんそう〈貧血予防、白内障予防〉……167
山いも〈疲労回復、高血圧予防〉……168
きのこ類〈ガン、生活習慣病予防〉……169
豆類〈むくみ解消、スタミナ強化〉……170
海藻類〈骨・歯の強化、甲状腺腫障害の改善〉……171
大豆製品〈老化・肥満防止〉……172
種実類〈スタミナ増強、免疫力強化〉……173
果物類〈動脈硬化・生活習慣病予防〉……174
乳製品〈骨・歯の強化、精神安定〉……175
玄米〈ガン抑制・老化防止〉……176
穀類〈体力増強、疲労回復〉……177
植物性油〈コレステロール低下〉……178

第4章 効き目で探す栄養素事典

犬に必要な栄養素〈栄養の基本を再確認しよう〉……180
糖質〈元気のもとになるエネルギー〉……182
脂質〈効率のよいエネルギーを供給〉……184
たんぱく質〈体の大切な部分を作る主成分〉……186
食物繊維〈腸内の有害物質の排出を促進〉……188
ビタミンA〈目を守り免疫力を高める〉……190
ビタミンC〈抗ガン・抗ストレスに働く〉……190
ビタミンD〈丈夫な骨作りの必須ビタミン〉……191
ビタミンE〈強い抗酸化作用で老化を防止〉……191
ビタミンK〈血液を健康に保ち、骨を強化〉……192
ビタミンB_1〈糖質の代謝を助け、疲労解消〉……192
ビタミンB_2〈皮膚を保護し、成長を支える〉……193
ナイアシン〈代謝を促進し、脳をサポート〉……193
パントテン酸〈副腎を刺激して、ストレス緩和〉……194
ビタミンB_6〈たんぱく質・脂質の代謝を促進〉……194
葉酸〈細胞の育成と造血作用に不可欠〉……195
ビタミンB_{12}〈赤血球を合成して、貧血予防〉……195
ビオチン〈皮膚の健康を守り、脱毛を防ぐ〉……196
コリン〈動脈硬化や脂肪肝の予防に有効〉……196
カルシウム〈骨・歯を作り、精神安定に効果〉……197
リン〈骨を形成し、神経伝達を補助〉……197
マグネシウム〈骨の成分となり、血圧を調整〉……198
カリウム〈体内のペーハーバランスを維持〉……198
鉄〈ヘモグロビンの成分として必須〉……199
亜鉛〈皮膚を健康に保ち、発育を促進〉……199
銅〈ヘモグロビンの生成をサポート〉……200
マンガン〈酵素を活性化して抗酸化に働く〉……200
ヨウ素〈大切な甲状腺ホルモンの原料〉……201
セレン〈抗酸化作用で細胞の酸化を防ぐ〉……201
犬に食べさせたらいけない食材……202
サプリメントについて……204
おわりに……206

【Staff】 取材・文／西田知子　イラスト／境目朋子　デザイン・装幀／吉度天晴
校正／布施美由紀、服部妙子　写真／江頭 徹（講談社写真部）

食べ物に関する誤解Ⅰ

塩、ミネラルウォーターは危険？

犬に塩分を与えてはいけないとよく聞きます。でも、どこまで本当の話なんでしょう。ウワサを再検証しました。

Q 巷のウワサ徹底検証！

噂

塩を食べると腎臓病になる!?
ミネラルウォーターを飲むと結石になる!?

A 十分な水分さえとれば減塩は全く不要です

もっとも代表的な食べ物に関する誤解が「犬に塩分を与えてはいけない」というもの。飼い主さんの多くはそう信じ込んでいますが、これは全くの間違いです。正しくは「犬は塩分が少なくても生きていける」ということに過ぎず、普通に与えて全く何の問題もありません。

また、「塩分が多いと腎臓に負担がかかる」と主張する方も多いようですが、十分な水分をとっていれば塩分は排泄され、体内に残りません。同様に、「汗腺が足裏にしかないので塩分が必要ない」というのも誤った情報。腎臓病でナトリウム排泄能力を失っている場合などを除いては、減塩は不要です。

最近では、むしろ塩分を控え過ぎて活力のない犬をよく見かけます。適度な塩分を与えると、体がシャキッとして元気を取り戻すケースも多いのです。

私たち人間と同じように、しょっぱ過ぎない程度に塩分を与えることは、全く問題ありません。これは日本全国の患者さんとともに確かめたことです。

A ミネラル分が多くても結石症とは無関係

近頃、水にこだわりを持つ人が増えてきています。愛犬にも自分と同じように特別な機能のある高価な水をわざわざお取り寄せして飲ませているとか、いろいろな話を耳にします。

その一方、多くの飼い主さんの間で「ミネラルウォーターを飲ませると結石症になる」というウワサが流布しています。しかし、もしもそれが事実とするなら中国やフランスなど、もともと硬水エリアに住んでいる人や動物はみんな結石を患っているはずです。根本的に、ありえない話といっていいでしょう。

ただし、結石症にかかっている犬の場合は病気の悪化要因となる可能性があるので注意が必要です。ちなみに、結石症の根本原因は感染症の場合がほとんど。膀胱や腎臓に感染症による炎症が起こり、石ができてしまうのです。日頃からきちんとした感染症対策を行なえば、まず結石症にならないはずです。

また、「湯冷ましにすると水の有効な成分が失われる」ともよくいわれていますが、これも単に沸騰させれば塩素が抜けるというだけ。水の基本的な成分は変わりません。

要は、人間が飲んでおいしいと感じる状態の水なら犬に飲ませて大丈夫。浄水器やミネラルウォーターなども、利用したい方はしてくださいということで、それほど深刻に考える必要はないでしょう。

Dr.須崎の ワンポイントアドバイス

「うちの子はカフェオレが好きで困っています」というのも、よく受ける相談のひとつです。答えとしては、たまに飲ませるくらいなら心配はいりません。

確かにコーヒーを飲むと眠れない人がいるように興奮状態に陥る犬もいるでしょう。そういう場合は控えるのが当然として、それ以外なら大丈夫。ただ、こうした嗜好品は基本的に体に不要なもの。どの程度与えるかは飼い主さんの判断にお任せします。

食べ物に関する誤解Ⅱ

甘いもの、米を食べると危険？

私たちの主食の米にもガンの要因になるというウワサが…。甘党の犬も多いけれど、心配はないのでしょうか。

Q 巷のウワサ徹底検証！

噂

甘いものを食べさせてはいけない!?

米を食べるとガンになる!?

A カロリーに気をつけて常食しなければ大丈夫

犬はもともと甘いものが大好き。お菓子の味に慣れさせると、そればかり欲しがり、ふだんの食事を食べたがらなくなってしまう傾向があります。ですから、基本的にはお菓子を常食させることはおすすめしません。

だからといって、一口も食べさせてはいけないというわけではないのです。ところが、よくあるケースとして、「ちょっと目を離したすきに、うちの子がお菓子を食べてしまって…」と病院に駆け込んでくる飼い主さんがいます。犬は人間以上に雑食性の強い動物です。健康な犬なら年に数回、口にするくらい全く問題がありません。何も目くじらを立てるような事件ではないのです。ときには旅行先でソフトクリームをあげたり、お誕生日にケーキを食べさせたりということがあってもいいでしょう。

ただし、肥満を防ぐためにもカロリー過剰には要注意。お菓子を与えたときはいつもより運動量を増やすなど、コントロールしてください。

A 米をガンの要因とするのは明らかな間違い

私たちの主食である米にまで「食べるとガンになる」というウワサがあります。なぜ、こんな説が広まるようになったのか、簡単にご説明しましょう。

通常の細胞は糖質と脂質をエネルギー源にしています。なのに、どういうわけかガン細胞は糖質しかエネルギーにできません。そのため、ガン細胞をやっつけるにはその栄養源となる糖分の供給を止めればいいだろうと考えられたのです。

しかし、実際にはガンは、糖分の供給がなくなると、筋肉を分解して糖に変えようとするのです。ですから、ガン患者の人はどんどんやせてしまいます。体力がなくなり、低血糖で倒れるというケースも少なくありません。

以上でおわかりいただけたでしょうが、体調を維持していく上でも米食はとても大切です。中には、「肉のみを食べさせろ」という主張もあるようですが、とんでもない話です。たとえ肉を食べても、ガン細胞は体内で肉を糖に分解して栄養補給するので意味がありません。犬にしても、あまりに脂肪の多い偏った食事は喜ばないはずです。

かつての日本人は米を食生活の主体にしていましたが、ガンを死因とする人は現在ほど多くありませんでした。このような事実からしても、米食をガンの要因であるとする指摘の間違いは明らかでしょう。

Dr.須崎のワンポイントアドバイス

飼い主さんの中には、「犬に牛乳をあげてはいけない」と信じ込んでいる人も多いようです。人間にも牛乳を飲むと下痢ぎみになってしまう人がいるように、牛乳が体質に合わない犬もいるかもしれません。でも、すべての犬がそうとは限りません。

もしも愛犬に合わないようなら、飲ませなければいいだけのこと。どの食べ物に関しても、絶対にダメというものはありえないのです。

食べ物に関する誤解Ⅲ

ほうれんそう、キシリトールを食べると危険？

健康によいイメージの食べ物には、それに反するウワサも付いて回るもの。さて、この2つはどうなんでしょう。

Q 巷のウワサ徹底検証！

噂

ほうれんそうを食べると結石になる!?

キシリトールを食べると肝臓病になる!?

A 毎日の手作り食に使う量なら全く問題なし

ほうれんそうにはアクのもととなるシュウ酸という成分が入っていて、カルシウムの多い食事をとると結合して結石の原因になるといわれています。でも、問題はその食べる量にあります。

結石の症状が出たマウスの実験は、人間に当てはめれば1日にバケツ2杯くらいものほうれんそうを食べ続けた結果でした。

今、何かとウワサされている甘味料のキシリトールについても同じこと。25キロの犬が500グラムも食べた結果です。普通に食事していれば、まずその量は摂取されません。虫歯予防のガムに含まれるキシリトールもごく微量なので、全く心配は無用です。

中には、キシリトールがレタスに含まれるのを気にする方もいるようですが、たとえば体重1キロのチワワにとって危険なレタスの量となると2キロ。どんなにレタスが好きな犬でも、とても食べきれないでしょう。

食べ物の成分に、あまりにも神経質になり過ぎないようにしましょう。

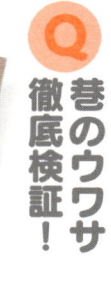

第1章

健康維持のための栄養事典

健康なときの食事が体を作る

日頃の体調管理が一番大事

病気になってからあわてて対処していると手遅れになる場合も。愛犬の体調管理の第一歩は手作り食から始まります。

日常ケアが何より大切！

スポーツでは休みなく練習するよりインターバルトレーニングの方が長く続けられますし、勉強も長時間連続で集中するより、ときどき休憩を入れる方が効果的です。それは、どちらも回復が早いからです。

犬にしても病気になって、体調を元に戻すのは大変です。何でもないうちから家庭でケアしていれば予防にもなります。まず、飼い主さんは日常のケアの重要性を理解してください。

自然界において年齢別の食事はない

ドッグフードには、幼犬用、成犬用、シニア用などいろいろなバリエーションがあるので、愛犬に合わせて選んで食べさせている方も多いと思います。でも、ちょっと考えてみてください。自然界においては、老犬専用の食事というのはありえません。ネズミをつかまえようとしたら、「私は幼犬用ネズミなので他をあたってね」なんて話は聞いたこともないはずです。

また、冬場には全く食料が見つからず、長期間食べられないという事態も頻繁に起こります。そう考えると、常に栄養バランスをきちんと整えなければと気にする必要はないことがおわかりいただけるでしょう。

手作りごはんを手軽に始め、続けていくためにも、「うちの子は年をとっているから」とか「まだ子どもだから」とか、あまりにも神経質になり過ぎないでください。たとえば、老犬であっても、消化能力は死の直前くらいまで成犬とほとんど変わらないという報告もあるほどなのです。

ライフステージって何？

幼犬が成長期に入って成犬となり、やがて年を重ねて老犬となる。これをライフステージといい、人と同じ流れです。

人間でも唐揚げ1個でごはんを何杯も平らげていた男の子が、年をとって肉を受け付けなくなるというのはよく聞く話。年齢を重ねるにつれ、嗜好や食欲が変わるのも当たり前のことです。老犬が少ししか食べないのを不安がる必要はありません。

ただし、子犬に対しては親犬がよくかんで食べさせてあげるものなので、フードプロセッサーなどを使ってやわらかくするといいでしょう。それ以外には、特に配慮しなくてかまいません。

コンディションって何？

犬もまた、人間と同様にコンディションが変わります。たとえば、妊娠するとやたらにおなかがすくもの。スポーツ選手が大量に食べるのも当然のことです。犬も妊娠したり、授乳期には食事の量が変わります。日頃からよく運動する犬は、それだけ多めに食べる必要があります。

だからといって、たくさん食べさせなければと気をつかわなくても大丈夫。もしも量が足りなければ、犬は「もっと食べたい」と要求します。逆に多過ぎれば、吐いたり、下痢をするといったサインを出します。日常的によく観察していれば、愛犬の思いはくみ取れるはずです。

Dr.須崎の ワンポイントアドバイス

ペットショップで売れ残っていた犬を飼ったときなど、年齢と成長が釣り合っていないケースがまま見られます。そういう場合は、成長期の犬のように欲しがるだけ食べさせて大丈夫。肥満にならない程度に、十分な分量を与えてください。

仮に食べ過ぎたとしても、ドッグフードと手作り食では体に与える影響が違います。安心して、たっぷりと愛情のこもった手作りごはんをあげましょう。

食事量の目安は？

換算表を利用して計算しよう

手作りだと食べさせる量の見当がつかない…と不安に思う人も多いはず。換算表を使えば、すぐに計算できます。

食べる量は体重やライフステージで異なる

　犬の1回の食事量の目安は、大体耳の付け根から上、頭の八チの大きさといわれています。ただし、これはあくまでも目安で、かなりの個体差があります。

　多頭飼いをしているとよくわかるのですが、同じだけ食べさせても太る子もいれば、やせる子もいます。もともと正確な食事の量を算出しようというのは無理な話。飼い主さんがよく観察して、対応してあげるしか方法がありません。

　とはいえ、これまでペットフードの表示どおりの量を与えてきた人がいきなり手作り食に変えると、不足したり多過ぎたりしないかと心配になるかもしれません。そんなときは、換算表を利用するといいでしょう。

　体重やライフステージごとに食べる分量は異なってきます。本書では、成長維持期の体重10キロの犬を基準にしています。その量にあなたの愛犬の体重や年齢に合致する指数を掛ければ、ちょうどいい分量が出てきます。目安がないと不安な方は、ぜひ計算してみてください。

ライフステージ別換算表

ライフステージ	換算率	食事回数	小型犬	中・大・超大型犬
離乳食期	2	4	生後6～8週目	生後6～8週目
成長期前期	2	4	生後2～3カ月	生後2～3カ月
成長期	1.5	3	生後3～6カ月	生後3～9カ月
成長期後期	1.2	2	生後6～12カ月	生後9～24カ月
成犬維持期	1	1～2	生後1～7年	生後2～5年
高齢期	0.8	1～2	生後7年目以降	生後5年目以降

体重別換算指数表

体重（kg）	換算率
1	0.18
2	0.30
3	0.41
4	0.50
5	0.59
6	0.68
7	0.77
8	0.85
9	0.92
10	1.00
11	1.07
12	1.15
13	1.22
14	1.29
15	1.36
16	1.42
17	1.49
18	1.55
19	1.62
20	1.68
21	1.74
22	1.81
23	1.87
24	1.93
25	1.99
26	2.05
27	2.11
28	2.16
29	2.22
30	2.28

体重（kg）	換算率
31	2.34
32	2.39
33	2.45
34	2.50
35	2.56
36	2.61
37	2.67
38	2.72
39	2.77
40	2.83
41	2.88
42	2.93
43	2.99
44	3.04
45	3.09
46	3.14
47	3.19
48	3.24
49	3.29
50	3.34
51	3.39
52	3.44
53	3.49
54	3.54
55	3.59
56	3.64
57	3.69
58	3.74
59	3.79
60	3.83

体重（kg）	換算率
61	3.88
62	3.93
63	3.98
64	4.02
65	4.07
66	4.12
67	4.16
68	4.21
69	4.26
70	4.30
71	4.35
72	4.39
73	4.44
74	4.49
75	4.53
76	4.58
77	4.62
78	4.67
79	4.71
80	4.76
81	4.80
82	4.85
83	4.89
84	4.93
85	4.98
86	5.02
87	5.07
88	5.11
89	5.15
90	5.20

生後4カ月の成長期・体重8kgを例にして計算してみましょう。

ライフステージ別換算表の指数は1.5。
体重別換算指数表の指数は、体重8kgの場合は0.85となります。
基準となる体重10kgの成犬の1日に必要となる食事量は400gなので、
　400g×1.5×0.85＝510g
このように、それぞれの換算表の指数を掛けるだけで各材料の分量も算出できます。
たとえば、基準となるおじやのごはんの量が100gとすると、
　100g×1.5×0.85＝127.5g
同じ方法で他の材料についても算出できるので、目安にするといいでしょう。

手作り食への移行方法

食事を急に変えても大丈夫?

いきなり手作りごはんというのに抵抗があれば、徐々に切り替える方法も。移行プログラムを活用しましょう。

これまでの食事から手作り食への切り替え方

ほとんどの犬は手作りごはんに急に変えても大丈夫。むしろ、目新しい食事に喜んで食べてくれるかもしれません。腸内細菌の種類が変わるとリセットしようとする働きで下痢をする可能性もありますが、たいていはすぐに落ち着くはずです。

それでも、心配という方は下記の移行プログラムを利用してください。ドッグフードに混ぜる手作り食の割合を徐々に増やしていけばいいでしょう。

移行プログラム

日数	今までの食事量		手作り食の量
1〜2日目	9	対	1
3〜4日目	8	対	2
5〜6日目	7	対	3
7〜8日目	6	対	4
9〜10日目	5	対	5
11〜12日目	4	対	6
13〜14日目	3	対	7
15〜16日目	2	対	8
17〜18日目	1	対	9
19〜20日目	0	対	10

切り替え時に出てくる可能性のある症状

手作り食の切り替え時には、まれに次のような症状が出てくる場合があります。体臭や口臭が強くなったり、目ヤニや鼻水などが出ます。また、オシッコの色が濃くなることもあります。

これらの症状は水分摂取量が増えて、代謝がよくなったことから起こります。体が本来のバランスを取り戻そうと、一時的に不快な形で表れているのです。必ず落ちついてくるので、あきらめて中断しないでください。

くず湯・くず練りから始めてみよう

手作り食のスタートには、くず湯とくず練りがおすすめ。くずは腸の粘膜を保護する作用があり、消化器が弱っているときにも効果的です。ノリ状のものでそれほどたくさんは食べられませんから、どちらも欲しがるだけ食べさせていいでしょう。愛犬が口をつけないなら、風味が弱いせいかもしれません。肉や魚などその子の好きな香りのだしをたっぷりと使えば、進んで食べようとするはずです。

栄養スープも手作りごはんには欠かせません。フードにかけるなど、いろいろな使い方ができます。作り置きはきかないので、そのつど作ってください。

Dr.須﨑のワンポイントアドバイス

「うちの子は年寄りなので、ごはんが急に変わるとびっくりしないでしょうか？」というのも、多い質問です。基本的におなかにやさしい手作りごはんには、年齢制限はありません。それでも、ドライフードしか受け付けないという場合には、ふだんの食事にくず湯や栄養スープをかけるなどして、十分な水分補給を心がけてあげましょう。

くず湯・くず練りレシピ

材料

本くず粉………大さじ１（くず湯の場合）
………大さじ３（くず練りの場合）
だし、肉・魚のゆで汁など
………180〜240ml（好みの分量）

作り方

1. 鍋にくずを入れ、少量の水（分量外）を加えて、ダマができないように溶く。
2. だしまたはゆで汁を加えてよく混ぜて火にかけ、木べらなどで透明になってとろみが出るまで絶えず混ぜながら火を通す。
3. よく冷まして器に盛る。

栄養スープ

材料

野菜、肉、魚、海藻、きのこ
………各適量

作り方

1. 鍋に材料を入れ、かぶるくらいの水を加えてふたをして、弱火で30〜40分ほど煮る。
2. 煮汁をキッチンペーパーなどで濾して冷ます。

※まとめて作って、冷凍保存すると便利。

幼犬（授乳期・離乳期・母犬不在の場合）

離乳食から手作りで始めよう

体の土台を作る大切な時期です。愛犬がすくすくと健康に成長するためにも、離乳食から手作りを始めましょう。

基本的な健康管理法

生後2カ月くらいまでの授乳期には、できるだけ母犬に任せることが大切。どれほど人間が手をかけても、やはり母犬のケアにはかないません。母乳さえ十分に与えられれば、サプリメントなども必要ありません。歯が生えて母犬が授乳を嫌がり始めたら、次の段階に入ります。

その後、4、5カ月くらいまでが離乳期です。自然界では、母犬が噛んでやわらかくしたものを与える時期ですから、野菜や肉など、食べ物は細かくすりつぶしてあげてください。犬に食べさせてはいけない食材（P202参照）以外は与えて構いません。

問題は母犬不在の場合。つまり、まだ離乳期前の幼犬を人が育てるにはどうすればいいのかということです。まず、牛乳は犬の乳よりたんぱく質の含有量が少ないので、市販の子犬用ミルクを飲ませるといいでしょう。ただし、相応の手間がかかることは覚悟しておいてください。経験豊富な先輩にアドバイスしてもらうなど、工夫をしましょう。

よくある心配事

幼犬は感染症にかかりやすいものです。とはいえ、ワクチンを打つまでは病気がうつるといけないからと、ダンボールに閉じ込める方もいるそうですが言語道断。恐怖心から、かえって病気になるリスクが高まります。

ワクチン接種さえすれば、免疫力がついて安心かのように思われがちですが、基礎体力がなければ、やはり病気に感染します。幼犬のうちは、基本となる体力をしっかりと養いましょう。

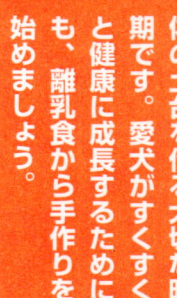

効果的な栄養素とその働き

　母犬が母乳を飲ませているうちは無理に離乳食を与える必要はありませんが、歯が生え、母犬の食べているものに興味を持ち出したら、そろそろ手作り離乳食の始めどきです。消化しやすい食材を用いれば、生後18〜21日頃から食べられるようになります。この時期には、発育を促進するためにいろいろな栄養素が必要です。

　まず、体を作る基本となるのがたんぱく質です。筋肉や臓器、血液などを構成する成分としてもっとも重要で、育ち盛りの幼犬には欠かせません。

　同時に、骨や歯を丈夫にする小魚や大豆など、カルシウムが多く含まれる食べ物も、毎日の食事に取り入れましょう。

　ビタミンでは、DとEを多めに摂取することを心がけてください。

　ビタミンDは、幼犬には特に重要な栄養素です。なぜなら、犬は他の動物と違って、紫外線を皮膚に浴びても体内で十分な量を合成できないので、食べ物で補給しなければなりません。カルシウムやリンの吸収を促して、健康で丈夫な骨や歯を作るためにも、魚介類やきのこをたっぷり与えてください。

　また、幼犬に必要なビタミンEの摂取量は成犬の約2倍にもなります。アーモンドなどのナッツ類や種からとった植物油を積極的に手作り離乳食に用いるといいでしょう。

Dr.須﨑のワンポイントアドバイス

　ペットショップから買って帰って家に放してみると、まともに立つこともできなかった。という犬の相談を時々受けます。こういう犬に対しては、手作り食ももちろん大切ですが、リハビリに取り組むようなつもりで運動させることが何より大切です。

　リハビリ用の歩行を補助する器具を使ってでも、散歩をさせてあげましょう。とにかく歩いて、しっかりと筋力をつけるところから始めてください。

食事回数と内容

離乳期には、一度にたくさん食べられないので少ない量を分けて与えることが重要です。要求するだけ、何度でも与えてください。もしも、太りぎみになってきたら、手作り食の野菜の割合を多くして満腹感を得られるようにしてあげましょう。

適切な運動量

毎日、何分間散歩しなければと目標を決める必要はありません。無理しなければ上れないような急な階段や、危険な場所にさえ行かなければ、犬が歩きたいだけ歩かせて、しっかりと運動させてあげるとよいでしょう。

気をつけたいこと

フローリングの部屋で犬を飼うことは、基本的にはおすすめしません。転んで膝の関節がはずれたり、靭帯が切れてしまう場合もあります。とりわけ幼犬にとっては、すべる床は常に危険が伴うということを知っておいてください。

幼犬(授乳期・離乳期・母犬不在の場合)のための簡単レシピ例

Step1 鍋に水とじゃこ、鶏皮を入れて火にかけ、だしをとる。

Step2 うどん、タラ、小松菜、にんじん、大根、キャベツを一口大に切っておく。

Step3 1の鍋に2を加えて、やわらかくなるまで煮る。

Step4 3をフードプロセッサーやすり鉢、ミキサーなどを使ってすりつぶし、ペースト状にする。

Step5 スープも残さず器によそう。

※にんじんやかぼちゃなど甘みのある野菜を加えるのがポイント。

幼犬（授乳期・離乳期・母犬不在の場合）におすすめの食材

1群 穀類グループ

白米・玄米
うどん・そば
さつまいも
じゃがいも

2群 肉・魚・卵・乳製品グループ

卵・牛肉・豚肉・鶏肉
タラ・シャケ・ニシン
ウナギ・アジ・サンマ
イワシ・カツオ
カマス

3群 野菜・海藻グループ

ごぼう・さつまいも・かぼちゃ
にんじん・大根・キャベツ
ピーマン・カリフラワー
ブロッコリー・ほうれんそう
小松菜・きのこ
大豆・納豆・豆腐
アーモンド
きな粉・のり

+α 油脂グループ

オリーブ油
植物油
（コーン油・キャノーラ油）
ごま油・鶏皮

+α 風味づけグループ

だし（肉・魚の煮汁
カツオだし
昆布だしなど）
ちりめんじゃこ
削りガツオ
煮干し
小エビ

ひとことアドバイス

幼犬の時期は食べたいときが食事時です。
体型をチェックしながら、
どんどん食べさせてください。

母犬（妊娠期・授乳期）

過不足ない栄養で健康な母体に

元気な子犬を出産するには、母体の健康が第一条件。栄養は十分に。でも、太り過ぎにも注意が必要です。

基本的な健康管理法

犬の妊娠期間は63日。妊娠第4週目までは体重の増加もゆるやかなので、いつもと同じ食事で栄養が足ります。5週目に入ると、体重が急激に増えます。それに伴い、毎週15%の割合で量を増やし、妊娠第9週目に60%増くらいになるようにしてください。ただし、出産直前の7~10日間は食欲が落ちることもあります。

だからといって、飼い主さんは毎日、何日目と数える必要はありません。量が足りなければ、必ず犬の方から要求してくるので容易にわかるはずです。

授乳期は母乳を作り出すために体の代謝も上がり、多くのエネルギーを消費します。ビタミン・ミネラル類が豊富な食事を十分に与えてください。

あとは、妊娠によって体調が変わり、急に薄毛になるなど、変化が表れる場合があります。そこで驚いて、あわてないように。出産・授乳が済めば、状態はたいてい落ち着いてきます。いろいろな変化が起こりうると心構えをしておきましょう。

よくある心配事

「妊娠中は食事量が2倍になると聞きますが、うちの子はそんなに食べません」というのも、飼い主さんからよく受ける相談です。量を何%増やすといった数字は、あくまでも目安に過ぎません。それぞれの犬によって、差があるのは当然です。

妊娠期に栄養が不足して、おなかの子が育たないというケースもめったにありません。全く食事を受け付けないというのでなければ、心配は不要です。

効果的な栄養素とその働き

妊娠期はビタミンやミネラルなど、バランスよくいろいろな栄養素を摂取することが重要です。肉や魚など愛犬の好物に偏ることなく、野菜や海藻類も積極的に手作り食に取り入れてください。

さらに、後半の体重増加に伴い、たんぱく質やカルシウムの豊富な食べ物をいつもより、ひとかたまり分くらい多めにしてあげるといいでしょう。

たんぱく質は体の主成分として不可欠な栄養素。骨や血液や筋肉を作り出すもととなるものです。重要なミネラルのひとつであるカルシウムは、骨や歯の主成分。細胞分裂や血液の凝固、ホルモン分泌など、生理機能の調整に広く関わり、妊娠中には特に多く消費されます。

ただし、十分に栄養をあげなければと心配するあまり、脂肪太りになるまで食べさせないようにしてください。太り過ぎの雌犬は妊娠中に問題を起こしたり、難産になりやすい傾向があります。

授乳中も、大量の栄養を必要とします。中でも、たんぱく質とカルシウムなどのミネラル類は十分にとりたいものです。

心配される例としては、母犬が母乳にカルシウムを吸い取られ、てんかんとよく似たけいれん症状が出るケースも。いざというときは、子犬用のミルクを母犬に飲ませて栄養補給する方法をとってもいいでしょう。

Dr.須崎の ワンポイントアドバイス

何歳で産ませるべきか、年に何回も産ませていいのかと、出産についてはいろいろな説があり、迷っている飼い主さんも多いことかと思います。

出産の適齢としては、体がしっかりとできた後、2歳過ぎくらいからがいいでしょう。もちろん、この年齢は目安で、その犬の体力がどの程度あるかで変わってきます。また、母体への負担を考えると、次の出産までは最低1年の間隔をおきたいものです。

食事回数と内容

この時期は1日に何回も食事を要求するものです。体型の変化をチェックしながら、太り過ぎない程度に与えてください。また、出産直前期になって一時的に食欲が落ちたときは量を少なめにして回数を増やせば食べてくれる場合が多いようです。

適切な運動量

自然界では妊娠していても普通に生活しているのですから、散歩を控える必要は全くありません。むしろ、適度な運動をすることで全身の血行がよくなり、良好な出産のためにも有益です。ただし、無理は禁物です。

気をつけたいこと

人間と同様に、母犬にはストレスがたまるものです。飼い主さんは心配のあまり、覗き込んだり、やたらに触ったりしがちですが、かえってストレスになる場合も。子犬にまで悪影響が出る可能性もあるので、できるだけ放っておいてあげましょう。

母犬（妊娠期・授乳期）のための簡単レシピ例

Step1 鍋に水とじゃこを入れて火にかけ、だしをとる。

Step2 マグロの赤身、大根、大根葉、にんじんを一口大に切る。

Step3 1の鍋に2を加え、野菜がやわらかくなるまで煮たところで、溶き卵を回し入れ、火を止める。

Step4 器に五穀米を盛り、冷ました3をスープごとかける。よくかき混ぜた納豆をトッピングする。

Step5 風味づけとしてティースプーン1杯ほどのキャノーラ油をかけて完成。

母犬（妊娠期・授乳期）におすすめの食材

1群 穀類グループ

白米
玄米・五穀米
うどん・そば
ハトムギ・さつまいも

2群 肉・魚・卵・乳製品グループ

卵・牛肉・豚肉・鶏肉
タラ・シャケ・ニシン
アジ・サンマ・マグロ
イワシ・サバ・カマス

3群 野菜・海藻グループ

ごぼう・かぼちゃ・にんじん
キャベツ・大根・大根葉
カリフラワー・ブロッコリー
ほうれんそう・小松菜
きのこ
大豆・納豆・豆腐・枝豆
ひじき・のり

+α 油脂グループ

オリーブ油
植物油
（コーン油・キャノーラ油）
ごま油・鶏皮

+α 風味づけグループ

だし（肉・魚の煮汁
カツオだし
昆布だしなど）
ちりめんじゃこ
削りガツオ
煮干し
小エビ

ひとことアドバイス

出産、育児は本能的に犬が知っているので、神経質になる必要はありません。母性を信じて、温かく見守ってください。

成犬

若々しい健康な体を維持しよう

年をとっても健康な生活を送るには成犬の時代が大切。若くて丈夫なうちに、しっかりと体力を養いましょう。

基本的な健康管理法

成犬期は犬種によって違います。小型犬は成長が早く、生後8～12カ月で成犬になります。大型犬はゆっくり成長し、生後2年でようやく成犬になります。逆に、老犬になる時期は大型犬が7歳、小型犬は12歳からと大型犬の方が早く年をとります。したがって、成犬の期間は小型犬ほど長くなるのです。

この時期は「よく食べ、よく遊び」が基本。まずは、飼い主さんが必要以上に神経質になり過ぎないことです。

日常の健康管理としては、病原体対策となる口内ケアは必ず行ないましょう。歯間にブラシを入れて、酸素を送ることが重要です。そのとき野菜の絞り汁や乳酸菌を使えば、口内の殺菌もできます（P71参照）。

シャンプーなどのお手入れは体臭が気になれば洗う程度でいいでしょう。皮膚病などを除けば、シャンプーは飼い主さんの快適さが主目的なのですから。

なお、どこにも異常が見当たらなくても年1回は動物病院で健康診断を受けさせてください。

よくある心配事

「うちの子は○○しか食べないんです」という飼い主さんの声をよく聞きます。特に昼間、留守がちの方は犬の好物ばかり食べさせる傾向があるようです。

好き嫌いは若くて健康なうちになくしておきたいもの。具合が悪くなったとき、体に負担の少ない食事を受け付けなくなる可能性もあります。犬がどんなに甘えた声で鳴いても、心を鬼にして「食べないなら捨てる」という態度で接してください。

効果的な栄養素とその働き

　成犬には、すべての栄養素をバランスよく摂取させることです。たんぱく質は丈夫で若々しい肉体を維持するために必須ですし、体の酵素反応や免疫力を高めるにはビタミンやミネラル類も欠かせません。

　ただ、「バランスよく」と聞くと、飼い主さんにはとかく難しく考えてしまう方が多いようです。でも、何も特別なことではなく、人間と同じように肉も野菜も魚もいろいろ食べさせましょうという意味に過ぎません。

　たとえば、犬を飼っている人の中には「うちの子は太りやすいのでキャベツとささみ以外は与えません」と、当たり前のようにいう人もいます。そういうよほど特殊な感覚の持ち主でない限り、あまり栄養バランスにこだわる必要はないでしょう。

　それでも不安という方のために、食材早見表を用意しています。1～3群の中の食材がまんべんなく手作り食に含まれているかをチェックすれば、まず極端にバランスが偏ることはありません。

　あとは、「実際に作ってみたけれど、野菜は食べないので抜きました」というケースもありますが、好むものしか食べさせないのは問題です。「肉が好きだから肉を与える」ではなく、「手作り食を好きな肉風味にする」ようにしっかりと香りづけしてください。そのひと工夫で、愛犬の反応は変わるはずです。

Dr.須﨑の ワンポイントアドバイス

　室内飼いの小型犬は、散歩で爪がすり減るほど歩く機会が少ないため、爪と一緒に血管の部分もどんどん伸びてきます。そのため、美容院では出血を伴うほどに爪を短く切らざるをえない状況になっているとか。血が出るほどに爪を短く切るのは人間の深爪と同じく、犬にも痛みを感じさせ、感染症などにかかるリスクも高まります。日頃から飼い主さんがこまめに手入れをするのが理想的です。

食事回数と内容

成犬の場合は1日1〜2回。できるだけ時間を決めておいた方がいいでしょう。食事をきちんととれていれば、間食は不要です。おやつをあげるなら、野菜スティックが一番。にんじんなど甘みのある野菜がおすすめです。

適切な運動量

運動量に基準はありません。散歩をしてもっと歩きたがれば時間を増やし、途中でくたびれてしまうようなら無理をしないことです。道路を歩くのは嫌いでも、野原は好きという犬もいます。できる限り、いろいろなところに連れて行ってください。

気をつけたいこと

好き嫌いを克服し、何でも食べさせましょう。そうすれば老犬になって万が一、食事制限が必要な病気にかかっても乗り越えられます。また、年をとってから体力をつけようと思っても無理なもの。若いうちに運動をして、体を鍛えておきましょう。

成犬のための簡単レシピ例

Step1 鍋に水と削りガツオ、干ししいたけを入れて火にかけ、だしをとる。
Step2 牛レバー、にんじん、かぼちゃ、キャベツ、ひじきを一口大に切る。
Step3 1の鍋に2を加え、野菜がやわらかくなるまで煮る。
Step4 器にごはんを盛り、冷ました3をスープごとよそう。よくかき混ぜた納豆をトッピングする。
Step5 風味づけとしてティースプーン1杯ほどのごま油をかけて完成。

成犬に
おすすめの食材

+α 風味づけグループ

だし（肉・魚の煮汁
カツオだし
昆布だしなど）
ちりめんじゃこ
削りガツオ
煮干し

1群 穀類グループ

白米・玄米・五穀米
うどん・そば
ハトムギ
さつまいも

+α 油脂グループ

オリーブ油
植物油
（コーン油・キャノーラ油）
ごま油・鶏皮

3群 野菜・海藻グループ

ほうれんそう・にんじん・ごぼう
大根・きゅうり・トマト
じゃがいも・かぼちゃ・パプリカ
小松菜・モロヘイヤ
カリフラワー・ブロッコリー
キャベツ・なす・きのこ
大豆・納豆・豆腐・小豆
干ししいたけ
ひじき・わかめ

2群 肉・魚・卵・乳製品グループ

牛肉・豚肉・鶏肉・レバー
タラ・シャケ・アジ
マグロ・サンマ
イワシ・サバ
シジミ・アサリ
卵・ヨーグルト

ひとことアドバイス

成犬のうちは食べ物でも行動の上でも、
いろいろなチャレンジをして、
老後に備える体力と気力を培いましょう。

老犬

免疫力を高めて元気に長生き

老犬の体力は衰え、病気にかかりやすくなります。免疫力を高める手作り食で、健康を維持したいものです。

基本的な健康管理法

ここから老犬という明確な年齢分けはありませんが、小型犬は10～12歳、大型犬に関しては7歳くらいから、だんだん成犬から老犬へと移行します。

高齢の犬の健康管理では、気づかいのし過ぎは不要。「廃用萎縮」という言葉をご存じですか。使われなくなった機能は衰えるという原理原則があります。たとえば、飼い主さんが「年寄りだから散歩は短めでいいだろう」とか、「ごはんはやわらかくしてあげなければ」と気を回すと、愛犬は急激に体力も気力も失っていくものなのです。

よく老犬は食べ物の消化能力が落ちるといわれますが、実際には死の直前までほとんど変わらないことがほとんどです。食事量は徐々に減ってきますが、無茶をさせない程度の感覚で接するといいでしょう。

ただ、どんなに元気に見えても老犬になると最低限年1回の健康診断は受けたいもの。63ページの表を参考にしながら、愛犬の状態をよく観察して、獣医師にきちんと伝えてください。

よくある心配事

脂肪腫といわれる皮下にできる脂肪のかたまりは、年をとると必ずできるものと思い込んでいる飼い主さんが多いようです。

実際には、必要以上に食べさせ過ぎているために発生する場合がほとんど。ドッグフードから手作り食に切り替えると、消えるケースがよく見られます。脂肪腫は体の基礎代謝が低下してきたサインと受け止め、成犬時よりカロリーを抑えた食事を心がけましょう。

効果的な栄養素とその働き

年をとると衰える体の免疫力や酵素反応を正常に保つには、ビタミンやミネラル類を積極的に摂取することをおすすめします。特に白内障予防のためには、ビタミンCが豊富な野菜や果物を毎日の手作り食に取り入れましょう。

また、きのこ類も免疫活性物質であるβ-グルカンを多く含むので、老犬にとって非常に有益な食材です。

とはいえ、野菜や果物ばかりのバランスの偏った手作り食にしないように。体の筋肉を落とさないためにも、肉や魚も食べさせてください。年齢とともに皮膚が乾燥しやすくなるので、適量の油脂類も欠かせません。

要は、体が不自由で寝たきりになったとしても、できるだけ今までどおりの食事を与えることです。「離乳食のようにフードプロセッサーですりつぶして細かくした方がいいのですか？」と飼い主さんからの質問も多いのですが、基本的な消化能力は老犬になってもあまり変わりません。無理のない範囲で、成犬と同じ生活を続けてください。

また、体の基礎代謝が落ちてくるので、食事量が減るのは当然のこと。それでも、極端に食欲がなくなり、やせてきた場合は温度や香りのひと工夫が必要です。ごはんを温めたり、好物の肉や魚のエキスで風味づけするなど、食欲を刺激する手作りごはんにしてあげましょう。

Dr.須崎のワンポイントアドバイス

寝たきりの老犬は床ずれになりがちです。とりわけ大型犬は体重で血管が圧迫され、血行が悪くなりやすいので要注意。予防には体位をこまめに変えることが第一です。敷いた布の上に寝かせて体を転がすなど、ひとりでもできるように工夫しましょう。

犬の高齢化が進む今、すべての飼い主さんには介護への心構えが求められます。犬の介護に関する情報を、日頃から集めておいてください。

食事回数と内容

元気な老犬に関しては成犬と同じで、1日1～2食が基本です。ただし、急にやせてきた場合は1食の量を少なめにして、回数を増やしてみましょう。また、体が不自由になって寝たきりになると肥満しやすい傾向もあるので注意が必要です。

適切な運動量

普通に歩ける状態ならば、筋力を保つためにも運動量は減らさなくてOK。ただ、散歩中つらそうなときには無理をせず、休ませるべきです。抱きかかえるのが難しい中型・大型犬は、犬用のバギーを利用しましょう。

気をつけたいこと

老犬には、人間と同じように排尿や排便が不自由になるケースが見られます。そんなときおなかをさすってあげるなど、飼い主さんにもできるスムーズな排泄を促す方法があります。かかりつけの獣医師に相談して、必要な介護法を教わってください。

老犬のための簡単レシピ例

Step1 鍋に水とじゃこ、細かく刻んだきのこを入れて火にかけ、だしをとる。

Step2 タラ、にんじん、かぼちゃ、大根、大根葉を一口大に切る。

Step3 1の鍋に2を加え、野菜がやわらかくなるまで煮る。

Step4 器に五穀米を盛り、冷ました3をスープごとかける。

Step5 風味づけとしてティースプーン1杯ほどのコーン油をかけて完成。

老犬に
おすすめの食材

＋α 風味づけグループ

だし（肉・魚の煮汁
カツオだし
昆布だしなど）
ちりめんじゃこ
削りガツオ
煮干し

1群 穀類グループ

白米・玄米
五穀米
うどん・そば
ハトムギ
さつまいも

＋α 油脂グループ

オリーブ油
植物油
（コーン油・キャノーラ油）
ごま油・鶏皮

3群 野菜・海藻・果物グループ

ほうれんそう・にんじん・ごぼう
大根・大根葉・トマト・ピーマン
かぼちゃ・小松菜・モロヘイヤ
カリフラワー・ブロッコリー
キャベツ・きゅうり・きのこ
大豆・納豆・豆腐・小豆
ひじき・わかめ
いちご・みかん
キウイ

2群 肉・魚・卵・乳製品グループ

牛肉・豚肉・鶏肉
タラ・シャケ・アジ
サンマ・イワシ・サバ
シジミ・アサリ・卵

ひとことアドバイス

老犬だからと特別扱いする必要はありません。
ただ、いざというときのために、
介護に関する情報は調べておいてください。

運動量の多い犬

健康な体を鍛えて能力を発揮

活発な運動を続けるには、適切な栄養補給が不可欠です。スタミナアップの手作り食でサポートしましょう。

基本的な健康管理法

アジリティなどの競技をしている犬は、人間のアスリートと同じように運動により筋肉が破壊され修復されるという過程を通して、筋肉を鍛えていきます。運動した後に筋肉を育てるためのアミノ酸が必要になるので、一般の成犬より肉や魚などの供給量を多めにした方がいいかもしれません。

よく見かけるのは、明らかにやる気のない犬に飼い主さんがテンションの高さを要求しているケース。人間にもアスリートとしての適性があるように、その犬にアジリティ犬としての特性があるかどうかという見極めが必要です。まずは、アジリティ犬育成のプロといわれる人にトレーニングを続けるべきかを相談してみて、不適格な場合はあきらめるという選択肢があってもいいでしょう。

成績ばかりを追い求めて、犬も人も疲れ切ってしまっているというケースも少なくありません。一緒に遊んで楽しもうというくらいの気持ちで取り組むことをおすすめします。

よくある心配事

よく運動している犬の飼い主さんは、常に栄養が足りているかと心配する方が多いようです。筋肉形成に必要な肉や魚など、愛犬の欲求に応じて食べたがるだけ十分に与えてかまいません。一般の犬以上にたくさん食べるのが普通です。

ただし、体型のチェックは怠らないでください。脇腹の肋骨やウエストのくびれなどを確認して、太ったりやせ過ぎていないかを定期的に確認しましょう。

効果的な栄養素とその働き

運動をする犬には、筋力を養いつつ、疲労を蓄積しないための食事を心がけたいものです。

筋肉を生成するには、主成分となるたんぱく質が不可欠。運動中に損傷した筋繊維の修復にも必要になります。

そのたんぱく質の代謝を促進させるのがニンニクなどに多く含まれるビタミンB_6。たんぱく質を多く摂取するほど、要求量も高まります。

ビタミンCは筋肉や骨を結合するコラーゲンの合成に欠かせません。肉体的・精神的ストレスを緩和するためにも、必須の栄養素です。

ストレス対策としては、ストレスによる細胞表面の損傷を修復する働きのあるビタミンEも役立ちます。

また、運動をすると体内に活性酸素がたくさん発生するので、抗酸化物質を十分にとることも大切です。

競技会前の手作り食は、肉や魚などを中心にアミノ酸を供給してスタミナアップ。ニンニクを加えれば、いっそう効率よく摂取できます。

なお、本番前になると、飼い主さんからはなぜか体力が落ちるという相談が増えるのですが、感染症の可能性も。病原体への抵抗力を高め、粘膜を強化するにはビタミンAが有益です。毎日の食事に緑黄色野菜をたっぷり取り入れ、丈夫な体を作っておきましょう。

Dr.須﨑の ワンポイントアドバイス

人間のアスリートと同様に、引き際はとても大事です。犬が競技を楽しめなくなったら、やめどき。愛犬の故障が多くなったり、体が追いつかなくなっているのを感じたときには、気持ちを切り替えて、潔くお疲れさまと引退させてあげましょう。

引退後はもう運動しなくていいというのではなく、これまでがんばってきた犬の健康維持のためにも、楽しみ程度のプレイを続けてあげてください。

食事回数と内容

運動を支えるエネルギーを供給するには、高カロリーの食事をたくさん必要とします。ただ、同じ量を食べるのでも回数を分けるのがおすすめ。一度に与える量を増やすより、2回、3回と少しずつ食べさせましょう。

おすすめケア方法

犬のコンディションを察知するためにも、マッサージは有効です。トレーニングの後など、積極的にしてあげてください。方法はいろいろですが、こうしなければという決まりはありません。愛犬が心地よく受け入れてくれることが何より大切です。

気をつけたいこと

思うような結果を残せず、愛犬を叱って叩いている飼い主さんを見かけます。ストレスを与えれば、体まで傷めるということを知ってください。ただ犬がおびえるだけで成績向上につながらないのなら、他の接し方を考えるべきではないでしょうか。

運動量の多い犬のための簡単レシピ例

Step1 スパゲティは半分に折り、沸騰したお湯でゆでる。

Step2 豚肉、にんじん、かぼちゃ、ごぼう、大根葉、トマトを一口大に切る。

Step3 ごま油でみじん切りにしたニンニクを炒め、香りが立ったところで2を加え、炒める。

Step4 3に1のパスタを加えてからめあわせる。

運動量の多い犬に
おすすめの食材

＋α 風味づけグループ

だし（肉・魚の煮汁
カツオだし
昆布だしなど）
ちりめんじゃこ
削りガツオ
煮干し

＋α 油脂グループ

オリーブ油
植物油
（コーン油・キャノーラ油）
ごま油・鶏皮

1群 穀類グループ

白米・玄米
五穀米
うどん・そば
スパゲティ
ハトムギ
さつまいも

3群 野菜・海藻・果物グループ

ほうれんそう・にんじん・ごぼう
大根・大根葉・トマト・ピーマン
かぼちゃ・小松菜・モロヘイヤ
カリフラワー・ブロッコリー
キャベツ・きゅうり・ニンニク
納豆・豆腐・アーモンド
ひじき・のり・わかめ
いちご・みかん
バナナ

2群 肉・魚・卵・乳製品グループ

牛肉・豚肉・鶏肉
レバー・卵
タラ・シャケ・アジ
マグロ・サンマ・カツオ
イワシ・サバ・ウナギ

ひとことアドバイス

愛犬の体のコンディションを観察しながら、
あまり無理をし過ぎないで、
一緒に楽しむことを最優先にしてください。

解毒が必要な犬

老廃物を排泄して正常に戻す

病気というほどでなくても、気になる症状のある犬は解毒が必要。根本原因に働きかけ、正常な状態に戻します。

解毒って何？

解毒とは、体内に入ってきた体に負担のかかる成分を負担の少ないものに変える肝臓での一連の流れをいいます。解毒された成分は腎臓から尿として排泄されます。

この肝臓、腎臓がきちんと働かず、体の中に病原体や化学物質などの老廃物がたまると、症状が出やすくなります。できるだけ体内に老廃物をため込まないことが、愛犬の体を正常な状態に保つ上でとても重要です。

老廃物がたまると、何らかの症状として出てきます。この症状は〝体のバランスが崩れて危険なので戻しましょう〟というサインです。ところが、多くの飼い主さんはその意味を理解しないで病院に駆け込み、症状を抑えるという間違ったアプローチをしています。すると、崩れたバランスはそのままになり、病状はより深刻化するのです。

症状は根本原因、つまり体の汚染を取り除けば自然になくなるもの。症状の出る理由がなくなるように体調をコントロールすることが重要なのです。

よくある心配事

解毒中、飼い主さんはこんなに症状が続くのかと不安になりがちです。皮膚病などの改善には1カ月で変化に気づき、3カ月で確信を持てるというのが目安。しかし、体内にたまっている老廃物の量が多かったり、排泄能力が低い場合は、もっと時間がかかってしまうものです。

しかし、体には必ず元に戻ろうとする原則があります。そのことを信じて、愛犬を温かく見守ってあげることが大切です。

効果的な栄養素とその働き

まず、解毒には手作り食で水分をたっぷりとり、適切な運動をして体の代謝を上げます。すると、これまで体内に蓄積してきたいろいろな老廃物が血液中に排出され、肝臓が有害な物質を処理しようと活発に働き始めます。

そこで、必要になってくるのが肝機能を強化する栄養素です。貝類に豊富なタウリンやブロッコリーや大根などの野菜に含まれるグルコシノレートで肝臓の働きをサポートしましょう。水分を補給するためにも、アサリやシジミをベースにした具だくさんのスープを用意しておきたいものです。

また、デトックス中は体内で活性酸素がたくさん発生しているので、無毒化する抗酸化物質が欠かせません。クロロフィルやポリフェノール、ペルオキシダーゼ、アスタキサンチンなどの豊富な食材を、毎日の手作り食に積極的に取り入れてください。細胞の表面を保護したり、疲労感を軽減して、体に与える負担を軽くする効果も期待できます。

さらに、排泄能力を高めるにはとうがんに代表されるカリウムが有効です。利尿効果だけでなく、カリウムには細胞内の酵素反応を助けたり、エネルギー代謝をスムーズにするなどの働きもあります。供給源となる海藻類や新鮮な野菜、果物を十分に摂取しましょう。

Dr.須崎のワンポイントアドバイス

手作り食に切り替えると代謝が上がり、急にいろいろな症状が出てくるのはよくあることです。そんなとき、私は「おめでとうございます。代謝がよくなってよかったですね」と声をかけるのですが、たいていの飼い主さんは面食らってしまいます。

症状が表れるのは、排泄が始まった証拠にほかなりません。安心して、歓迎すべきありがたいサインだと受け止めてもらいたいと思います。

食事による改善方法

解毒中は腹八分目を心がけること。食事の消化吸収にエネルギーを費やすと、体のメンテナンスが進まないので、無理に食べさせる必要はありません。

ただし、脱水には気をつけてください。手作りごはんのスープだけでも飲ませましょう。

解毒した方がよい サイン・症状

解毒を必要としている犬はたくさんいます。深刻な病気ではなくても、次のような症状が出ている場合は要注意。体内に老廃物がたまっているサインです。水分たっぷりの手作り食で、体質改善に取り組みましょう。

- オシッコが濃い黄色で、においがきつい。
- 口臭や体臭がきつい。
- 目ヤニが出ている。
- 目の周りが変色している。
- 耳から悪臭がして、かゆそうにしている。
- 足の指の間をよくなめ、赤くはれ上がっている。
- 尻をかゆそうにしている。
- 体に湿疹が出ている。

解毒が必要な犬のための 簡単レシピ例

Step1 鍋に水とアサリ、細かく刻んだ鶏皮、ひじき、きのこを入れて火にかける。

Step2 大根、ごぼう、かぼちゃ、小松菜、アスパラガス、キャベツを一口大に切る。

Step3 1の鍋に2とハトムギを加え、野菜がやわらかくなるまで煮る。冷めたらアサリの殻を外す。

Step4 器にごはんを盛り、3をスープごとかける。

※食欲がないときは、具だくさんのスープだけでもいいでしょう。

解毒が必要な犬に おすすめの食材

+α 風味づけグループ

だし（肉・魚の煮汁
カツオだし
昆布だしなど）
ちりめんじゃこ
削りガツオ
煮干し

1群 穀類グループ

白米・玄米
五穀米
うどん・そば
スパゲティ
ハトムギ
さつまいも

+α 油脂グループ

オリーブ油
植物油
（コーン油・キャノーラ油）
ごま油・鶏皮

3群 野菜・海藻・果物グループ

ほうれんそう・にんじん・ごぼう
大根・ピーマン・さつまいも・かぼちゃ
小松菜・ブロッコリー・アスパラガス
キャベツ・きゅうり・きのこ
納豆・豆腐・小豆
そら豆・アーモンド
ひじき・のり・わかめ
いちご・みかん
バナナ

2群 肉・魚・卵・乳製品グループ

牛肉・豚肉・羊肉
シャケ・アジ・ブリ
マグロ・サンマ・カツオ
イワシ・サバ・ウナギ
アサリ・シジミ
ハマグリ

ひとことアドバイス

解毒の際は満腹にさせないのが重要です。消化吸収に費やすエネルギーを体のメンテナンスに回すようにしましょう。

食事ムラのある犬

ひと手間かけて好き嫌いを克服

食事ムラの理由しだいで対応は変わります。単なる好き嫌いなら、元気なうちに改善しておきたいものです。

なぜ食事ムラがあるの?

食事ムラは、次の3つのタイプに分けられます。

まず、もともと少食である場合。個々の犬で1日に消費するエネルギーは違っています。省エネタイプの犬は、食べ過ぎると次の日はセーブする傾向があります。昨日は食べたものを今日受け付けないのはそのためで、体調を考慮して自分で調整しているのです。無理をして食べさせる必要はないでしょう。

2番目は、食べていないようで実は食べているというタイプ。「うちの子はごはんを全然食べない」と悩んでいる飼い主さんによくよく話を聞いてみると、「実はジャーキーは食べるんです」などと告白される場合がほとんど。そういう犬はダダをこねると後から好物のおいしいものが出てくると、きっちり学習してしまっているのです。家族の中の誰かが、こっそりとおやつをあげている可能性も考えられます。

そして、最後に体調が悪くて食事ムラになってしまっているケースがあります。

気をつけた方がいい食事ムラ

単に食欲にムラがあるだけでなく、明らかにやせてきたり、元気がないなどの体調不良が認められるときは注意が必要です。今までごはんを残さずに平らげていたような犬が急に食べ物を全く受け付けなくなった場合も、何らかの病気にかかっている可能性があります。

できるだけ早くかかりつけの獣医師の診断を受け、食事ムラの原因を特定して、適切な治療を受けてください。

元気なのに、食事ムラ

まず、1番目の省エネタイプの犬には、食費がかからなくていいじゃないかと考えることです。他の犬と比較して、あれこれ心配しなくてもかまいません。人間にも少食な人もいれば大食漢もいるように、個体差があることを思い出してください。

2番目の実は食べているというケースは、食べるまで待っていればいいでしょう。目の前に食べ物があって餓死する生き物はいません。心を鬼にして、他のものは一切食べさせないこと。いつも根負けするのは飼い主さんの方です。また、誰かが間食を与えないように家族の話し合いも必要でしょう。

食事ムラを改善するには？

人間の子どもに対するのと同じで、食事で困ったときにはハンバーグという手があります。要するに犬が好まない野菜などを細かくして、肉や魚と一緒に混ぜ込んでしまうのです。

それでも食べようとしないのなら、好物のエキスを使うなど、風味づけを強くしてください。飼い主さんの工夫しだいで食事ムラは必ず克服できます。

食事ムラのある犬のための　簡単レシピ例

Step1 鶏皮、ごぼう、にんじん、ひじきを細かくみじん切りにする（フードプロセッサーを使用してもOK）。

Step2 1と牛ひき肉を混ぜ合わせてよくこね、一口大になるように丸める。

Step3 熱したフライパンにごま油を入れて2を焼く。

Step4 火が通ったら器に盛って完成。

※食べようとしないときには、ひき肉や風味づけの鶏皮の量を増やすなど、いろいろと工夫してみてください。

食事ムラのある犬におすすめの食材

1群 穀類グループ

白米・玄米
五穀米
うどん・そば
ハトムギ
さつまいも

2群 肉・魚・卵・乳製品グループ

牛肉・豚肉・鶏肉
レバー・卵
タラ・シャケ・アジ
マグロ・サンマ・カツオ
イワシ・サバ・ウナギ

3群 野菜・海藻グループ

ほうれんそう・にんじん・ごぼう
大根・トマト・ピーマン
さつまいも・かぼちゃ・小松菜・モロヘイヤ
カリフラワー・ブロッコリー
キャベツ・きゅうり
大豆・納豆・豆腐・枝豆
ひじき・のり・わかめ

+α 油脂グループ

オリーブ油
植物油
（コーン油・キャノーラ油）
ごま油・鶏皮

+α 風味づけグループ

だし（肉・魚の煮汁
カツオだし
昆布だしなど）
ちりめんじゃこ
削りガツオ
煮干し

ひとことアドバイス

食事量は個々で違うので少なくても心配不要。
わがままを助長させてしまうと、
年をとってから本当に苦労することになります。

第2章

症状・病気別
栄養事典

病気のシグナル（警告）を見逃すな！

あなたの愛犬はこんな行動を示していませんか？

なにげなく見える行動が実は大変な病気の警告である場合も多いのです。見逃しがないか、チェックしましょう。

病気の早期発見には体調チェックの習慣を

病気の症状とは、体のバランスが崩れているので元の正常な状態に戻そうとするサイン。いわば警告を発しているのですから、それに少しでも早く気づいてあげることが大切です。

しかし、犬にとって自然界で病気になるというのはイコール死を意味します。具合が悪い素振りを見せれば、たちまち天敵に殺されてしまいます。そのため、犬は非常にがまん強い動物です。体調が悪くても表に出そうとしないので、わからないのが普通。それが一見してわかるというのは、かなり進行した状態である場合がほとんどです。

異常に気づいた飼い主さんがあわてて動物病院に駆け込んだときには、すでに手遅れのケースも。何も責められることではないのですが、「どうしてこんなになるまで放っておいたの！」と獣医師にきつく叱られ、自分を責め続けるというのもよくあるパターンです。

そうならないためにも、日頃から愛犬の様子をチェックする習慣をつけましょう。とはいえ、どこをどう確認すればいいのかと、見当がつかない方も多いはずです。そこで、ガイドとなる左のチェックリストを作りました。週1回でもいいので、リストを参考にして愛犬の体調を確認してあげてください。

そして、ちょっとでもおかしいと気づいたら、すぐ相談できるような獣医師との関係を築いておきたいものです。そのとき、いかに状況を正確に伝えるかが重要。たとえば咳をしているなら、その様子を動画で撮るなど、できるだけ多くの判断材料を準備しておくといいでしょう。

シグナルをチェックしよう

あなたの愛犬はこんなシグナルを出して、体調不良を訴えていませんか？
週に１度でも、しっかりと向き合う時間を持ちましょう。

1. 毛づやが悪い	
2. おなかが異常にふくれている	
3. 呼吸が荒い	
4. まっすぐ歩けない	
5. 最近椅子などに飛び上がれなくなった	
6. 怒りっぽくなった	
7. 体にイボのようなものができた	
8. ヒジなどのところが黒ずみハゲてきた	
9. 手足を頻繁になめる	
10. お尻を頻繁になめる	
11. 体を頻繁になめる	
12. 物にぶつかるようになった	
13. 耳をひっかく	
14. 体をひっかく	
15. お尻をする	
16. 衰弱している	
17. 食欲がない	
18. 体臭が気になる	
19. 鼻が乾いている	
20. 耳が臭い	
21. 足を引きずる	
22. 目をこする	

23. 寝てばかりいる	
24. 散歩に行きたがらない	
25. フケ・脱毛	
26. 口臭がする	
27. 目ヤニ・涙やけ	
28. 肥満	
29. 食べているのにやせていく	
30. 寄生虫（ノミ・ダニ）がつきやすい	
31. 下痢	
32. 便秘	
33. 歯がない	
34. 歯ぐきから血が出る	
35. オシッコが赤い	
36. しゃがんだのにオシッコが出ていない	
37. 頻繁にトイレに行く	
38. あまり食べていないのに太っている	
39. 血便	
40. 嘔吐	
41. 咳をする	
42. リンパ節がはれている	
43. 食欲不振・食事ムラ	
44. 触られるのを嫌がる	

前ページのチェック項目には、こんな病気の恐れがあります

**あなたの愛犬はチェックの入った気になる項目が何点かありましたか？
その場合、以下のような病気が疑われます。**

1. 消化器系疾患
2. 肝臓疾患、腫瘍
3. 吸器の病気（肺・鼻）、炎症
4. 足のケガ（棘が刺さっているなど）、関節炎、脳
5. 足のケガ、脳
6. 痛いところがある、目が悪い
7. 身体内汚染（排泄不良）、感染症
8. スレ
9. 排泄不良、ストレス
10. 肛門腺、寄生虫
11. 排泄不良、感染症、アレルギー性皮膚炎
12. 白内障
13. 外耳炎
14. 排泄不良、アレルギー性皮膚炎
15. 肛門腺
16. ガン、肝臓病、消化器疾患、老化、脱水症状
17. 各種体調不良 他の症状を探してみて！
18. 排泄不良、アレルギー性皮膚炎、脂ろう症
19. 各種体調不良 他の症状を探してみて！
20. 外耳炎
21. 関節炎、脱臼、ケガ
22. 排泄不良、アレルギー
23. 老化、各種体調不良
24. 老化、各種体調不良、足が痛い、精神的に嫌なことがある
25. ホルモン、排泄不良、血行不良、薬の副作用
26. 歯周病、口内炎、胃炎
27. 排泄不良
28. 老化、食べ過ぎ、運動不足、解毒途中
29. 糖尿病、ガン
30. 排泄不良、体が弱ってきている
31. 消化器不良、腸のリセット、ストレス、繊維不足、薬の副作用
32. 腸のリセット、ストレス、繊維不足
33. 歯周病
34. 歯周病
35. 膀胱炎、結石症、腎炎
36. 膀胱炎、結石症、腎炎
37. 膀胱炎、結石症、腎炎
38. 代謝不良、老化
39. 消化器疾患、ガン
40. 食事が合わない、ガン
41. 心臓病、フィラリア
42. 炎症、関節症、ガン
43. 消化器疾患、各種体調不良
44. 感染症、痛み

病気が疑われる場合の対処方法

チェックリストをもとに愛犬の体調を確認してみて、何か気になる部分が見つかったでしょうか。それぞれの症状は、右のような病気のシグナルかもしれません。なるべく早く、かかりつけの獣医師に相談してください。

次に、病気への対処の仕方としては症状を消すのではなく、根本原因を取り除くというスタンスで臨むことです。薬などで症状を抑えるだけでは、何も問題は解決しません。一時的に落ち着いたように見えても、薬をやめたり、減らすとまた途端にぶり返すケースが多いのです。

病気は「気が病む」と書きますが、東洋医学的にいうと気の流れが乱れることから起こります。では、どういう場合に気の流れは乱れてしまうのか。肉体的・精神的なストレスがある。体内に老廃物がたまっている。たいていは、この2つが大きな要因となっています。

ですから、病気を根本的に治すためには、まずストレスを取り除き、体の中にある病原体や重金属などの化学物質を排除しなければなりません。これらがすっかりなくなれば愛犬の気は元通りに、つまり元気を回復するでしょう。

そのためにも、体内の老廃物の排泄を促す手作りごはんが重要になります。体質を根本から改善する手作り食に変えれば、ほとんどの症状は改善に向かうはずです。

Dr.須﨑の ワンポイントアドバイス

犬の代表的な心臓病であるフィラリアの薬は予防薬ではなく駆虫薬です。すぐに効力がなくなるので、蚊の出る間は毎月飲ませなければなりません。

欧米ではハーブで予防する方法もあるようですが、高温多湿な日本には当てはまりません。むしろ温暖化で冬場も蚊がいるため、一年中投薬が必要なところも増えてきているのです。地域の獣医師と相談して、フィラリア対策だけは必ず行ないましょう。

食事療法について

手作り食の基本の考え方を確認

食事を手作りごはんに変えれば、どうして病気が治るのか。ここでは食事療法の効果など、基本を再確認します。

病気改善と食事の関係

まず、なぜ病気になるのかというところから説明しましょう。そのほとんどの原因は排泄不良にあります。要するに、体の外に排出されなければならない余計なものが体内にたまっているのです。

したがって、今まで出し切れていなかったものを排出すれば、体のバランスは元の正常な状態に戻り、病気が改善する可能性も高くなります。

そこで、水分の多い食事をとる食事療法が必要になります。体内にたまっている老廃物をオシッコとして出すことで、体がきれいに保たれる。それが、元の健康な体に戻るための大切な要素です。また、病気を遠ざけるためにも望ましい状態といえるでしょう。

ところが、これまで多くの研究者はどうすれば症状を消すことができるのか、何の栄養を補えばいいのかという部分にばかり焦点を合わせてきました。しかし、その方法では根本的な問題解決にならないこともあるかもしれません。

そうした枝葉の部分ではなく、なぜそうした症状が出てくるのかという原点にまで遡れば、いかに体内に蓄積された老廃物を排泄することが重要かがわかるはずです。排泄に着眼点を置けば、ある特定の症状が抑えられるだけでなく、体質が根本から改善され、結果的にいろいろな病気を治すこともできるのです。

そのために手作り食は有益な選択肢であり、実際に機能してきたからこそ、ここまで多くの皆さんに支持していただけているのだと思います。

より深い部分に焦点を食の過ちが病気を生む

そもそも私が食事療法に出合ったきっかけは、父が脳梗塞で倒れたことにあります。高血圧、高脂血症なので、この薬とこの食事でという医師からの指示を守っていたのにどうしてという気持ちになりました。そんなとき、食事を変えるという視点に気づいたのです。実際に食事療法によって、父の症状は明らかに改善しました。薬で治らなかったものが食事でよくなるという経験をしたのです。

そのとき、大学院でアレルギーの研究をしていた私は、アレルギーの動物にも同じように食事療法を試してみようと思いました。すると、やはり病気が改善したのです。単にアレルギーを薬で抑えるだけでなく、なぜその症状が出ているのかというより深い部分に焦点を合わせれば根本解決につながるのではと感じました。

以来、食事療法の研究を重ね、1999年から実践しています。その結果、3年間も結石症を患っていた犬が数週間で完治したり、ガンで余命宣告されていた犬が元通り元気になるのを何度も見てきました。

漢方に「異病同治」という言葉があるのですが、食事療法はまさにそれに当てはまります。食の過ちにはすべての病を生む側面があります。今まで何を誤ってきたのかを考えることが、問題を解決するのではないでしょうか。

Dr.須﨑の ワンポイントアドバイス

療法食を食べていた犬は手作りごはんに切り替えたとき、いろいろな症状が出る可能性が高くなります。それは今まで、療法食によって抑えられていたものが表れたということ。当たり前の反応であり、あわてる必要はありません。その点をよく理解した上で、手作り食に取り組んでもらいたいと思います。

なお、薬との併用に関しては食事療法に精通した獣医師に相談してください。

食事だけでは治せない病気

手作り食でもこの病気は対応が不可能

パワーのある手作りごはんといえども、やはり治せない病気というのは存在します。さて、その病気というのは?

脳神経系やホルモン系への対応は極めて困難

骨折などの外科的な要因は食事では治せないのは、皆さんもご存じのとおりです。その他にも、見た目には何の病気だか判断しづらい「脳障害」「認知症」「内分泌疾患」なども食事療法では治しにくい病気です。

なぜなら、手作り食にはパワーがありますが、その効果はとてもマイルドなもの。急にがらり一変するというわけにはいかないのです。あらゆる病気が食事を変えれば治せるだろうと過剰な期待をしないでください。

たとえば、折れてしまった骨を食事で修復するのが不可能なように、脳のような神経ネットワークが途中で切れてしまった場合に再びつなぐことは難しいのです。ホルモン系の病気で臓器を元に戻すのはとても困難ですし、老化に対しても完全に元通りにするのはやはり難しいのです。

いわば、自動車のタイヤは替えられても中枢のコンピュータが壊れると複雑すぎて直せないようなもの。同様に動物の体内にも回路が複雑な部分があり、それが脳神経系とホルモン系なのです。この2つの分野に関しては食事だけで何とかするのは極めて難しいでしょう。のみならず、一般的には病因が特定できず、根本的な治療法も確立されていないということを知っておいてもらいたいと思います。

一方、食事療法が特に効果を発揮する分野もあります。内臓系慢性疾患、人でいう生活習慣病はほとんど対応が可能です。日々の積み重ねから起こるこれらの病気の予防やケアを行なうことは、愛犬が健康に長生きするためにとても重要になります。

どんなシグナル（警告）があるの？

【脳障害】
・手足がしびれて、震える。
・何にでもやたらにおびえる。
・痛みを感じなくなる。
・声をかけても無反応になる。
・眼球が左右に細かく揺れる。

【認知症】
・やたらに吠え続ける。
・判断力を失い、ぼーっとする。
・口の締まりがなくなる。
・ヨダレをたらし始める。
・突然、奇妙な行動をとる。

【内分泌系疾患】
・極端に体が大きい、小さい。
・虚弱で病気にかかりやすい。
・体がぐったりとする。
・毛が大量に抜ける。
・やたらに水を飲みたがる。

一般的な治療方法は？

以上のような病気は、根本的な治療法がまだわかっていません。脳神経系の病気には抗うつ剤等を投与したり、内分泌系の病気には不足ホルモンの注射などの対症療法しかないのです。

果たして、症状を抑えるだけの治療が愛犬にとってよいことかどうか。こうした薬の多くは副作用が働き、長期間続けると効かなくなる場合もあります。

本来、治りにくい病気の犬にはいつも誰かがケアすることが一番大切です。飼い主さん自身が落ち込まないよう、いかに一緒の時間を楽しく過ごせるかを考えることがお互いハッピーでいられるコツかもしれません。

予防のための食事はあるの？

最近の研究では、これらの病気の要因として感染症が疑われてきています。では、感染症の入り口となる部分とは？　粘膜であり歯、そして食べ物にも気をつけなければなりません。

具体的には、粘膜を強くするビタミンAとβ‐カロテンの多い食べ物を積極的にとること。歯周病対策の歯みがきも大切。また、体調不良の子には病原体を含む可能性のある食材はおすすめできません。生食よりも加熱調理がおすすめです。

あとは、体内に毒素をため込まないことが大切。病気になるリスクを最小限にするためにも、手作り食は有効な手段です。

口内炎・歯周病

予防のために歯みがきの習慣を

歯や口内の病気は意外に気づきづらく、悪化すると全身に影響を及ぼします。毎日の歯みがきで予防しましょう。

症状

口内炎は口の粘膜が炎症を起こした状態。人間と同じように白い湿疹状のものができたり、赤くはれ上がったりします。

歯周病とは歯ぐきなど歯の周辺が炎症を起こす病気のこと。進行すると、歯ぐきがはれ、ウミが出る場合もあります。

どちらも食べづらくなるため、食欲が落ちてきます。食べ物に興味を示しているのに食べようとしないときは、これらの病気を疑ってみることです。

原因

どちらもケガなどの外傷による場合もありますが、ほとんどは細菌やウイルスなどの感染によって起こります。その原因の大半は口の中の汚れにあります。歯の間に食べかすや歯垢がたまり、その中で繁殖した細菌が炎症の原因です。

また、粘膜の抵抗力が弱ると細菌に感染しやすくなります。こうした感染症による口内の病気は、他の全身的な病気の要因にもなりがちです。

動物病院での一般的治療方法

歯石などを除去し、抗生物質を投与します。炎症がひどい場合はステロイド剤を用います。予防として犬用の歯みがきグッズなども用意されています。

Dr.須崎オススメの自宅でのケア方法

病原体対策として、口の中を清潔にすることがもっとも大切。そのためにも、毎日の歯みがきは有益です。

その際、防腐剤が添加された歯みがき粉を使うのはおすすめできません。代わりに殺菌作用のある植物のエキス、たとえば手に入りやすい大根やごぼうの絞り汁を使うのが便利です。また、昔から歯の健康に効果的といわれるクマザサのエキスを活用してもいいでしょう。

歯みがきの方法としては、歯と歯ぐきのすき間に歯ブラシを立てるようにして空気を入れるような感覚で行なうのがコツ。なぜなら、口内で増える菌は酸素によって抑えられることが多いからです。

ただ、犬の歯みがきはよほどのことがなければ一人ではできません。口の中を触られるのを嫌がる犬を押さえてくれる人が必要です。幼犬の頃から習慣づけていないと、なかなか容易にはできないでしょう。

どうしても歯みがきできそうにない犬には、野菜の絞り汁を口にたらしてあげてください。市販されている乳酸菌をブレンドしたパウダーなどを利用するのもいいでしょう。これだけでもさっぱりして、ネバネバだった唾液がサラサラに変わります。口の中の悪い菌が減って状態がよくなれば、口内炎などの症状も次第に治まってきます。

手作りごはんで口内炎・歯周病を改善したワンちゃん談

東京都　チワワ　ラナ　4歳

ラナが突然食欲がなくなり、動物病院に行ってみると、ひどい歯周病で抜歯をすすめられました。気が進まなかったのでインターネットで検索して、須崎先生を知り、診療を受けたところ、抜歯しなくても元に戻せる範囲だといっていただけました。

早速、その日から手作り食と口内ケアを始めました。食事を変えたその日から3日間、口臭がヘドロのようなにおいになり、驚き、不安になりましたが、4日目からにおいが和らぎ、1カ月で完治しました。途中であきらめなくて、よかったです。

効果的な栄養素

【ビタミンA】

細菌に感染しないよう粘膜を強くするためには、ビタミンA、β-カロテンが不可欠の栄養素。病気の回復や成長にも、大きな役割を果たしています。中でも、緑黄色野菜に多いβ-カロテンは強い抗酸化作用を発揮し、体の免疫力を高めてくれます。

【ビタミンB群】

体全体の機能を強化するビタミンB群には、細胞の再生を促す働きがあります。とりわけ、ビタミンB_2は口内炎の特効薬的な作用を持つことが広く知られています。また、ナイアシンは血行をよくして、治癒を促進する働きがあります。

食事による改善方法

ビタミンが不足すると粘膜の抵抗力が弱くなり、口内炎や歯周病を招きます。口の粘膜の強化に役立つビタミンA、β-カロテン、ビタミンB群を多く含む食材を多くとってください。

また、口内に症状が出るのは消化器系が弱っているケースがかなり多く見られます。そんなときには、キャベツのような傷ついた胃腸の粘膜を保護する食材を積極的に取り入れましょう。

なお、愛犬がごはんを食べづらそうなときはフードプロセッサーなどで細かくしてあげること。全く食欲がない場合は、流動食にして注射器で口に入れてあげてもいいでしょう。

口内炎・歯周病に効く 簡単レシピ例

Step1 鍋に水とじゃこ、細かく刻んだひじきを入れて火にかける。

Step2 にんじん、ブロッコリー、さつまいも、ごぼう、キャベツを一口大に切る。

Step3 1の鍋に2とごはんを加え、野菜がやわらかくなるまで煮る。

Step4 3が冷めたらスープごと器によそって、ティースプーン1杯ほどのオリーブ油をかける。刻んだゆで卵をトッピングする。

※口内の炎症がひどく食べづらい場合は、フードプロセッサーなどを使って、さらに細かくしてあげてください。

口内炎・歯周病に
症状緩和・予防効果のある食材

1群　穀類グループ

白米・玄米
五穀米
うどん・そば
ハトムギ
さつまいも

2群　肉・魚・卵・乳製品グループ

レバー・豚肉・鶏肉
イワシ・サンマ・カツオ
卵

3群　野菜・海藻・果物グループ

さつまいも・かぼちゃ
ほうれんそう・にんじん
ブロッコリー・キャベツ
小松菜・ごぼう・納豆
ひじき・昆布
すいか・いちご

+α　油脂グループ

オリーブ油
植物油
（コーン油・キャノーラ油）
ごま油・鶏皮

+α　風味づけグループ

だし（肉・魚の煮汁
カツオだし
昆布だしなど）
ちりめんじゃこ
煮干し
削りガツオ

ひとことアドバイス

口の粘膜を丈夫にするにはビタミン豊富な食事を心がけてください。中でもビタミンAとβ-カロテンは必須。

細菌・ウイルス・真菌感染症

発症しない抵抗力をつけよう

細菌やウイルスはどこにでも無数に存在しています。もし侵入しても発症しない抵抗力をつけることが重要です。

症状

まず食欲がなくなり、発熱します。ときには鼻水が出て咳をしたり、下痢や吐くなど、明らかにふだんと違う症状が出てきます。また、皮膚病や結膜炎を起こしたり、悪化すると脳にまで影響を及ぼし、てんかんで倒れる場合もあります。

最初の食欲不振や発熱の段階で気づいてあげるのが大切です。少しでも気になる部分があれば、早めにかかりつけの動物病院に連れて行きましょう。

原因

細菌やウイルス、真菌が体に侵入することが原因です。感染経路には次のようなケースが考えられます。病原体の付着したものを食べた経口感染、病気の犬のくしゃみなどを吸い込んだ空気感染、感染した犬に直接触った接触感染、母親から子犬にうつる母子感染の4種類です。

病原菌に感染すれば必ず発症するとは限りません。症状が出るのは、それだけ抵抗力が落ちているサインでもあります。

動物病院での一般的治療方法

細菌が原因の場合は抗生物質や抗菌剤を使います。ウイルスには効果的な薬がないため、同様に抗生物質などで細菌の二次感染を防ぎ、安静を心がけます。

Dr.須崎オススメの自宅でのケア方法

これらの感染症を早期発見するには、ふだんから愛犬をしっかりと観察しておいてください。特に犬の元気度は眼力に表れてきます。しかしこれは、日頃からよく観察していないと判断できません。

あまり夜更かしをさせないことも大切です。昼も夜も明るい環境下に置かれている犬はとても多いのですが、そうした生活を続けていると体のリズムが乱れ、ストレスがたまることがあります。体の修復が効果的に進む夜間も明るいままにしていると、さまざまな悪影響が及ぶ可能性があります。

できれば飼い主さんの生活習慣を変えるのが理想ですが、仕事の都合などで無理という方も多いでしょう。そういう場合は、家の中に必ず愛犬がゆっくりと眠れる暗い場所を作ってあげるように。そして、睡眠中はなるべく起こさないことを心がけたいものです。

また、昔から東洋でも西洋でも、果物の種の中身は細菌やウイルス対策に効くといわれてきました。ときどき、犬の口に入れてあげるのはとても有益です。果物を食べた後に果実の種を割って、中身を取り出して試してみてください。

ただし、種の薄皮には毒素が含まれているものもあるので要注意。きちんとはがして、種の中身だけを食べさせるよう気をつけましょう。

手作りごはんで細菌・ウイルス・真菌感染症を改善したワンちゃん談

埼玉県　雑種　マメ　9歳

マメが突然皮膚をかき出し、あっという間に全身からウミが出て、脱毛し、かさぶたができて、ところどころかき過ぎて血がにじむようになりました。須崎先生を紹介いただき、診察を受けたところ、まず感染症を治しましょうといわれました。

手作り食と病原体対策プログラムを同時に行ないましたが、最初の3カ月は症状が治まらず、ますます不安になりました。ところが、4カ月目からウソのように症状が落ち着いて、半年で完全に治りました。食事のパワーを改めて見直しました。

効果的な栄養素

【ビタミンA】

細菌やウイルスなどの入り口となる目や鼻、のどなどの粘膜を強化するには、ビタミンAの摂取を心がけましょう。目の健康を維持するためにも欠かせない栄養素です。

【ビタミンC】

免疫力の強化には、抗酸化ビタミンであるビタミンCは必須。コラーゲンを生成し、粘膜の保護にも働きかけます。

【EPA・DHA】

魚の脂肪に多く含まれるこれらの不飽和脂肪酸は、感染症を予防するのにとても有益です。免疫力を良好に保つ他、炎症を抑える働きもあります。

食事による改善方法

感染症を防ぐには、免疫力を高めるビタミン類を新鮮な野菜や果物で補うことが大切です。魚の脂に含まれるEPAやDHAも、細菌・ウイルス対策に有効な成分として広く知られています。毎日の食事に積極的に取り入れたいものです。

また、真菌対策としてはニンニクが有益です。ねぎ類なので大量に摂取し過ぎると貧血になる恐れもありますが、少しなら問題はありません。1日1片くらいを与えて、血尿が出るなどの症状が出なければ量を増やしてもいいでしょう。ただし、愛犬のオナラやニンニク臭については大目にみてください。

細菌・ウイルス・真菌感染症に効く 簡単レシピ例

Step1 鍋に水と細かく刻んだわかめ、ひじき、シジミを入れて火にかける。

Step2 シャケ、にんじん、ブロッコリー、キャベツを食べやすい大きさに切る。

Step3 1の鍋に2、すりおろしたニンニク、ごはんを加えて野菜がやわらかくなるまで煮る。冷めたらシジミの殻を外す。

Step4 3をスープごと器によそって、ティースプーン1杯ほどのごま油をかけて完成。

細菌・ウイルス・真菌感染症に
症状緩和・予防効果のある食材

+α 風味づけグループ

だし（肉・魚の煮汁
カツオだし
昆布だしなど）
ちりめんじゃこ
煮干し
削りガツオ

+α 油脂グループ

オリーブ油
植物油
（コーン油・キャノーラ油）
ごま油・鶏皮

1群 穀類グループ

白米・玄米
五穀米
うどん・そば
ハトムギ
さつまいも

3群 野菜・海藻グループ

大根・ほうれんそう
にんじん・ブロッコリー
キャベツ・カリフラワー
小松菜・さつまいも・かぼちゃ
ニンニク
ひじき・わかめ

2群 肉・魚・卵・乳製品グループ

レバー・豚肉・鶏肉
マグロ・アジ・イワシ
シャケ・タラ・カツオ
卵・アサリ・シジミ

ひとことアドバイス

感染症にかかるとビタミンとミネラルを非常に消耗しやすくなります。それを補えば症状はかなり改善するはずです。

排泄不良

あらゆる病気の要因がここにある

排泄不良の症状の大半は「体質だから…」で済まされてしまっています。愛犬の不調をあきらめていませんか？

症状

　目ヤニが出たり、体臭が強くなります。目や口の周り、指先の毛などが変色し始めます。皮膚に脂肪のかたまりができたり、ワックス状の老廃物が出てくる場合もあります。

　こうした症状のほとんどは、これまで「体質だから仕方ないです」という言葉で片づけられてきました。もしも獣医師にそういわれた場合は、逆に排泄不良を疑ってみた方がいいかもしれません。

　これらは本来、オシッコとして排出すべき老廃物がいろいろな形で出てきたもの。目や鼻、口、毛穴などに見られる症状はすべて排泄不良と呼んでいいでしょう。

　まず口から肛門までの通りをよくすることが大切。このサイクルが下図のように正常に戻れば、症状は落ち着いてきます。

　軽い皮膚病でも長く放置し続けると、肝臓や腎臓に負担がかかり、全身性の病気に進行するケースも考えられます。決してあきらめず、食事療法で根本的な問題解決をしてください。

【体の消化吸収排泄モデル】

口から肛門までのサイクルを、スムーズに回るようにすることが大切。排泄がうまくいかなければ、細胞から老廃物の回収ができず、体の中に毒素がたまって、いろいろな症状が出てくる

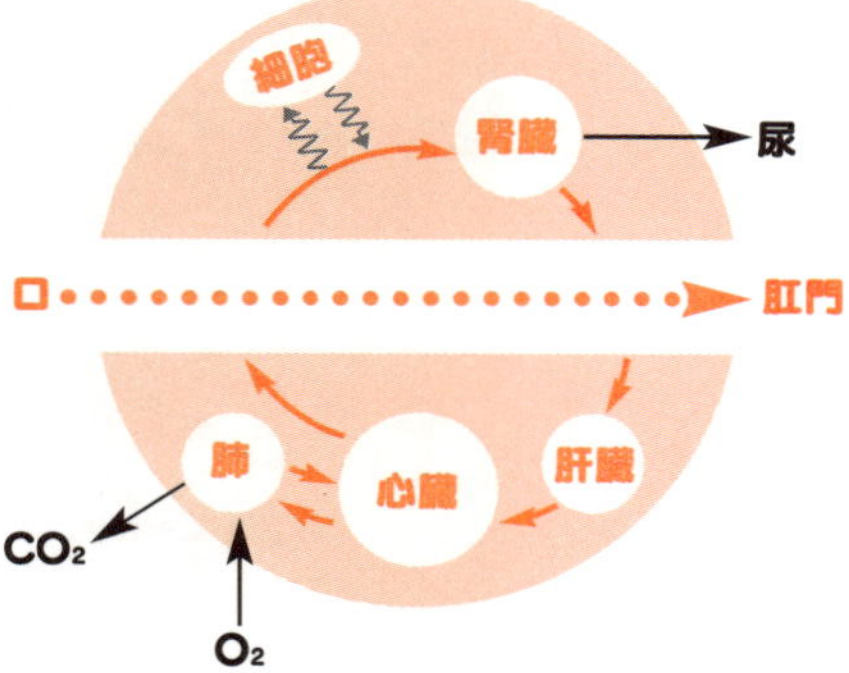

原因

水分摂取量の不足が、排泄不良になる最大の原因です。水分が足りず、オシッコを十分にできなくなり、老廃物が体内に滞っているため、いろいろな症状を引き起こしているのです。ふだんドライフードだけを食べて、水をあまり飲まない犬ほどかかりやすくなります。

愛犬のオシッコをよく観察してみてください。とても黄色が濃いようなら、水分が足りていない証拠です。すると、運動もあまりしたがらなくなり、体全体の代謝も悪くなるので、どうしても排泄力が落ちてきてしまいます。

次に考えられるのは、食べ過ぎによる肥満を要因とするケースです。体脂肪が増えると、代謝が落ち、老廃物を体内にため込みやすい体になってしまいます。化学物質には水より脂肪に溶けやすい性質があるので、その影響によってますます排泄不良を悪化させかねません。

あとは、何らかの形で化学物質を大量に取り込んでしまった場合にも、排泄不良の症状が出てきます。体の害になるものを分解しようとする肝臓の処理が追いつかず、体内に蓄積してしまっているのです。

また、犬には一切野菜を与えないという方も少なくないようですが、利尿作用を持つ食べ物を長い間、摂取しないでいることも原因のひとつとして考えられます。

Dr.須﨑の ワンポイントアドバイス

老犬の飼い主さんほど、脂肪腫に関する悩みを多く聞くようになります。それは、犬が年齢とともに排泄不良を起こしやすくなっているからです。

毎日の食事を手作り食に変えるだけで、脂肪腫はできにくくなります。すでに実践している方の場合は、その中身を見直してみてください。食事全体の量を減らすとストレスになるので、ごはんや肉、魚を少なめにして野菜の割合を増やすといいでしょう。

動物病院での一般的治療方法

　目ヤニが出る場合は目薬を用いたり、目の周りを洗浄します。体のにおいや毛の異常に対しては、特殊なシャンプーを使って、清潔を保つようにすすめられます。ときには「毎日シャンプーしてください」などと獣医師にいわれ、飼い主さんが疲れ果てているというケースもよく見かけます。

　脂肪腫の場合もシャンプーなどを渡され、「この犬種はなりやすいんです」のひと言で納得させられます。「放置するとガンになるので早めに取り除きましょう」と何度も手術を繰り返し、体と心を傷つけられ当院にやってくる犬も後を絶ちません。

Dr.須崎オススメの自宅でのケア方法

　排泄不良で皮膚に症状が出ている犬の飼い主さんからは、「どのくらいの頻度でシャンプーをすればいいのですか」という質問をとてもよく受けます。皮膚が乾燥しているときは、それほどこまめにシャンプーする必要はありません。ただ、皮膚がベタベタと湿っている場合は病原体が繁殖しやすくなるので、毎日シャンプーしてください。それ以外は体のにおいが気になってきたらシャンプーする程度で十分です。

　部分的に汚れたときは軽くぬるめのお湯で洗ってあげるといいでしょう。ドライシャンプーを利用して、体を清潔に保つのもおすすめです。

　シャンプーの後は必ずといっていいほど、犬は気になる部分をなめるものです。それを無理矢理に止めようとしたり、「かかないで！」と厳しく叱りつけないように。犬にとっても飼い主にとっても、お互いにストレスが増すばかりです。

　ただし、そのようにシャンプーは愛犬の口に入るものだという認識を持っていただきたいと思います。どのような成分が配合され、添加物が含まれているかなどを確認した上で、シャンプーを選んでください。

　また、安静をすすめられ散歩を控えるケースも多いようですが、散歩は代謝を促進させる上でも極めて重要です。できるだけ積極的に外へ連れ出して、運動させてあげましょう。運動量を増やせば、たとえば脂肪腫ができやすい犬でも代謝が向上して、できにくくなるよう改善されていきます。

「うちの子は散歩の途中でしかオシッコをしない」という話もよく聞きますが、それだけ回数が少ないというのは明らかに摂取水分量が足りない状態にあります。家の中でオシッコをしたがるようになるまで、たっぷりと水分を与えてください。

すると、「腎臓に負担がかかるのでは?」と気にする方もいますが、むくみなどの症状が出ない限り、まず問題はありません。毎日の手作り食に利尿効果の高い食材を取り入れれば無理なく排泄が進むので、心配は不要です。

あとは、脂肪腫や皮膚がべとつく脂ろう症になると油を制限されますが、あまりに減らしすぎると皮膚の弾力がなくなり、カサカサに乾燥し始めます。細胞まで傷みやすくなる場合もあるので、適度な脂肪は不可欠です。ごま油やオリーブ油など、体内に蓄積されにくい植物性油を積極的に使うといいでしょう。

手作りごはんで排泄不良を改善したワンちゃん談

東京都　トイプードル　ましゅ　3歳

「色の白い子は目の周りや足先の毛が変色するのは普通です」と断言されて、あきらめていたのですが、友人から須﨑先生のことを紹介され、近くということもあって、早速診療をお願いしました。すると、排泄不良のサインがすべて当てはまり、「これなら手作り食で改善するはず」といわれ、その日から手作り食を始めたところ、2カ月くらいでかなり白くなってきました。気になっていた口臭も、口内ケアを始めて3日でなくなりました。早い段階で排泄不良を克服できてよかったです。

効果的な栄養素

【イヌリン・サポニン】
どちらも排泄を促す栄養素。ごぼうなどに多く含まれるイヌリンは水溶性の食物繊維で、腸内環境を改善し、腎機能を高めます。豆類に豊富なサポニンは腎臓の働きをサポートし、肝機能障害の改善にも有効です。

【タウリン】
魚介類に含まれるタウリンは肝機能を強化する働きがあります。スムーズな排泄を促して、むくみを改善します。

【アントシアニン】
抗酸化物質として知られるポリフェノールの一種。体内の活性酸素の生成を抑制し、目の健康維持にも役立ちます。

食事による改善方法

排泄不良には水分摂取量を増やすことが第一。手作りごはんの中でも、水分の多いスープかけごはんがおすすめです。すると、大量のオシッコが出て、ほとんどの症状は改善します。

ただ、そのまま愛犬を動物病院に連れて行くと、腎臓病や糖尿病ではないかと心配される可能性も。水分量を増やせばオシッコが多くなるのは当然ですから、きちんと説明してください。

なお、食事を変えて体の代謝がよくなると一時的に症状が悪化して見える場合もあります。それは体が正常な状態に戻ろうとするサインだと肝に銘じて、冷静に対処しましょう。

排泄不良に効く 簡単レシピ例

Step1 鍋に砂出ししたアサリ、煮干し、ごぼうのすりおろし、一口大に切った紫いもを入れて火にかけ、野菜がやわらかくなるまで煮る。

Step2 1のアサリの殻を外す。

Step3 器に一口大に切ったゆでうどんを入れ、冷めた1をスープごとかける。

Step4 3によくかき混ぜた納豆をトッピングして完成。

排泄不良に
症状緩和・予防効果のある食材

1群 穀類グループ

白米・玄米
五穀米
うどん・そば
ハトムギ
さつまいも・紫いも

2群 肉・魚・卵・乳製品グループ

サバ・アジ・イワシ
マダイ・マグロ・カツオ
アサリ・シジミ
ホタテ・ハマグリ
エビ・カニ

3群 野菜・海藻・果物グループ

キャベツ・ごぼう・そら豆
小松菜・きゅうり
アスパラガス・とうがん
さつまいも・紫いも・小豆
大豆・納豆
ひじき・昆布
ブルーベリー

+α 油脂グループ

オリーブ油
植物油
（コーン油・キャノーラ油）
ごま油・鶏皮

+α 風味づけグループ

だし（肉・魚の煮汁
カツオだし
昆布だしなど）
ちりめんじゃこ
煮干し
削りガツオ

ひとことアドバイス

薄いオシッコをたくさん出すことが大切。
症状は体の乱れを戻そうとする
サインであると常に意識してください。

アトピー性皮膚炎・アレルギー性皮膚炎

症状を抑えるだけでは根治できない

なかなか改善されないアトピーは飼い主さんにとってもつらいもの。そんなときにも手作り食が効果を発揮します。

症状

　皮膚が赤くはれ上がり、強いかゆみを伴います。目や耳の周り、足の指先や脇腹、太ももの内側など、まず皮膚の薄いところから症状が出てきます。そういった部分をしきりになめたり、かいたりするので、皮膚が傷つき、ただれたり荒れたりします。何度もこするうちに、皮膚が硬くなって色素沈着したり、ときには出血してしまう場合もあります。

　さらに病状が悪化すると、部分的なかゆみは全身に広がり、ついには不眠状態に。飼い主さんも心配のあまり「かいてはダメ！」と叱ってしまうので、犬はストレスがたまる一方になり疲労が蓄積し、表情まで暗くなってきます。

　血が出るまでかきむしってはかさぶたができ、またそのかゆみにがまんできずに、かさぶたをはがしての繰り返し。慢性化しやすく、症状が一時的に改善しても再発しがちです。夜、愛犬が患部をかく音が気になって、眠れなくなる飼い主さんも多いようです。

Dr.須﨑の ワンポイントアドバイス

　犬が指の間や内ももをやたらになめるのは、アレルギーのサインかもしれません。なめた部分が赤くはれていないか、よく観察してください。耳の周りをよくかく犬も単なるクセだと思い込んでいたのが、実はアレルギーだったということもあります。

　何かを食べた途端に挙動がおかしくなる場合は食物アレルギーかもしれません。そんなときは食事の内容をメモしておきましょう。

原因

動物の体には、細菌やウイルスを排除しようとする免疫の働きがあります。ところが、体内にアレルゲンとなるものを取り込むと、この免疫反応が過剰に働く場合があり、アトピー性皮膚炎・アレルギー性皮膚炎のような炎症を起こし、体に害を及ぼしてしまうのです。

主にアレルゲンは空気と一緒に鼻から吸い込んだり、食べ物として口から体内に入ってきます。すると、体の中に特殊な抗体ができ、それが肥満細胞とくっついて炎症を引き起こす物質が発生します。それが、皮膚に作用すると強いかゆみを持つようになります。

アレルゲンのもとはたんぱく質です。肉や野菜もあれば、花粉のたんぱく質に反応する犬もいます。ハウスダストやダニに限らず、あらゆるものがアレルゲンとなる可能性があるため、一般的にアレルギーは予防できないといわれているのです。

最近では、腸にカビが寄生して炎症を起こし、何でも吸収する状態になっているのが原因という説もあります。なぜなら、もともと動物の体はたんぱく質をアミノ酸に分解して初めて吸収できるのですが、アレルギーになると分解されずにそのまま吸収されることが確認されています。これは、小腸の門がとてもゆるんだ状態にあることを意味します。通常はアミノ酸1、2個か、せいぜい3個しか通過できないはずなのに、大きいまま通過してしまっているのです。

このような現象が起こるのは、カビ等による炎症の可能性があります。事実、カビ対策として効力のある薬を服用すると症状が緩和されるケースを当院では経験しています。中にはカビを退治する薬を飲ませると今までアレルゲンだったものを食べても全く反応が出なくなる場合もあります。また、消化酵素をたくさん摂取すると、たんぱく質が分解されて症状が落ち着くケースも確認されています。

ただし、これらはあくまでも仮説で、さらなる今後の研究課題でもあります。ちなみに、人間の医療においてはカビがアレルギーの大きな要因となっていることは広く認められています。

動物病院での一般的治療方法

最初に、アレルゲンを特定する検査を行ないます。その上でアレルゲンを含まない療法食を処方され、それ以外のものを一切食べさせないよう、獣医師から指示を受けます。

ただし、前項で述べたように「小腸の門がゆるんだ状態」にあるため何でも吸収して、アレルゲンとなる対象はどんどん広がっていくケースもありがちです。食べられるわずかな食べ物を、ローテーションを組んで与えているという飼い主さんも珍しくありません。

一般的な治療方法としては、薬物療法が中心になります。副腎皮質ホルモン薬や抗ヒスタミン剤などでかゆみや炎症を抑えます。感染症の影響を防ぐため、抗生物質を飲ませる場合もあります。

また、症状に合わせた特殊なシャンプーを使って、アレルゲンを落とすよう、体をよく洗うことをすすめられます。シャンプー後には、皮膚の乾燥を防ぎ、保護するための保湿剤などを塗ります。

さらに、アレルギーの要因と考えられるハウスダストやダニを少しでも減らすため、部屋の掃除を徹底するようにいわれる場合もあります。とはいえ、散歩で外出しないわけにもいかず、飼い主さんがどれほど一生懸命にがんばっても、それらの影響を完全に取り除くことは非常に困難といわざるをえません。

Dr.須崎オススメの自宅でのケア方法

先に断っておきたいのは、飼い主さんはかかりつけの獣医師の指示にはきちんと従ってくださいということです。ただ、処方食や薬をずっと続けることに抵抗のある方もいるでしょう。いろいろな治療を行なってきたけれど快方に向かわないという方のためにも、別の選択肢を示すことができればと思います。

アレルギーの要因はとても複雑なものとされていますが、当院では、アレルギーは体内汚染が広がって、免疫力が過剰に働いているものと考えます。いわば体内汚染が極限に達した状態になって、正常に反応できなくなっているのです。

ですから、排泄不良に対するのと同じく、体の中にたまっているものの排除を最優先課題として取り組んでいます。水分摂取量を増やし、病原体や化学物質、重金属などを排泄を促す漢方薬を使って取り除けば、体はきちんと元に戻ろうとします。アレルゲン検査で陽性になったものを食べても、症状が出ないこともよくあります。

自宅でのケア方法としては、アレルギーの症状が出ている犬は代謝が落ちている場合が多いので、必ず散歩してよく運動をさせましょう。シャンプーのし過ぎは禁物ですが、皮膚を清潔に保つことも大切です。

また、患部をかきむしってかさぶたができると一層かゆみがひどくなるので、できるだけかさぶたを作らせないように注意してあげてください。ワセリンや愛犬の口に入っても平気な軟膏などを塗って、皮膚を保護するといいでしょう。

アレルギーになる犬のほとんどは、腸が荒れていることが推測されます。腸の粘膜を保護する働きのあるくずを利用して、まずは腸内ケアから始めてみませんか（P33参照）。

手作りごはんでアトピー性皮膚炎・アレルギー性皮膚炎を改善したワンちゃん談

東京都　ミニチュアダックス　トム　4歳

家に来た頃からトムはかゆみがひどく獣医さんに「根治療法はないので薬と上手に付き合いましょう」といわれたのですが、あきらめきれず須﨑先生の診療を受けました。

手作り食に切り替えると、一時的に症状がひどくなることがありますといわれ、本当にそうなったときにはさすがに不安になりましたが、1カ月目あたりから徐々に改善しました。1年ほどかかりましたが、今ではほとんどかかないまでになりました。あのとき、勇気を出して手作り食に変えてよかったと思っています。

効果的な栄養素

【グルタチオン】

抗酸化物質の一種。毒物などを細胞外に排出して、細胞を守る役割を果たしています。さらに、皮膚の炎症を和らげる作用があります。

【EPA・DHA】

魚の脂肪に多いこれらの不飽和脂肪酸は、体内の病原体などの排除に役立ちます。また、免疫力を良好に保ち、炎症を抑えるのにも有効です。

【タウリン】

体内の浄化が始まった時に、肝機能を強化するタウリンは必須の栄養素です。消化作用をサポートし、スムーズな排泄を促してくれます。

食事による改善方法

摂取水分量を増やすことが最重要です。次に、ビタミンや抗酸化物質の豊富な食材を使って細胞を保護しましょう。すると、排泄のスイッチが入り、症状は次第に改善していきます。

ただし、薄いオシッコが大量に出るので、動物病院に連れて行くときは水分の多い食事をとっていることを必ず説明してください。その様子だけで腎臓病と判断される可能性もあります。

また、カビ退治には1日1片のニンニクが役立ちます。ただ大量摂取すると貧血になる恐れもあるので、気になる方はプロポリスのサプリメントを活用するという方法をおすすめします。

アトピー性皮膚炎・アレルギー性皮膚炎に効く 簡単レシピ例

Step1 鍋に水と小エビを入れて火にかけ、だしをとる。

Step2 イワシを焼いて、骨やはらわたを取り除く。

Step3 1の鍋に2と、一口大に切った大根、トマト、すりおろしたごぼうを加えて野菜がやわらかくなるまで煮る。

Step4 器にごはんを盛り、冷めた3をスープごとかける。

Step5 風味づけとしてティースプーン1杯ほどのオリーブ油をかけて完成。

アトピー性皮膚炎・アレルギー性皮膚炎に症状緩和・予防効果のある食材

1群 穀類グループ

白米・玄米
五穀米
うどん・そば
ハトムギ
さつまいも・紫いも

2群 肉・魚・卵・乳製品グループ

卵・牛レバー・アジ
イワシ・カツオ・タラ
アサリ・シジミ
ホタテ・ハマグリ

3群 野菜・海藻グループ

ごぼう・かぼちゃ・トマト
大根・さつまいも・紫いも
ほうれんそう
ブロッコリー
小豆・大豆・納豆
くず・ニンニク
ひじき・昆布

+α 油脂グループ

オリーブ油
植物油
（コーン油・キャノーラ油）
ごま油・鶏皮

+α 風味づけグループ

だし（肉・魚の煮汁
カツオだし
昆布だしなど）
ちりめんじゃこ
小エビ・煮干し
削りガツオ

ひとことアドバイス

症状を抑えることだけにとらわれないで、まずは体の中にたまったものを出すことを最優先に考えてください。

ガン・腫瘍

免疫力を増強して打ち勝とう

恐れられる病気ですが、治らないものとあきらめないことが肝心。免疫力を高める食事療法に取り組みましょう。

症状

典型的な症状としては、体の一部がふくらんだり、はれ上がります。飼い主さんが愛犬を触っていて、しこりに気づき、腫瘍を見つける場合もあります。腫瘍には、体の他の部分に転移しない良性のものと、増殖を繰り返し重要な臓器に転移して死につながる可能性の高い悪性腫瘍、いわゆるガンがあります。

腫瘍ができると元気がなくなり、体重が減少し、いろいろな症状が出てきます。食道にできた腫瘍が圧迫して食べ物を吐くようになったり、腸にできた腫瘍が出血して血便が出たりなど、腫瘍ができる位置により症状はすべて違ってきます。

たとえば、口腔の腫瘍になると口臭が強くなり、ヨダレをたらし始めます。骨の腫瘍なら足を引きずったり、歩行に異常が出てきます。胃ガンでは嘔吐したり、血を吐くケースも見られます。中には、悪性リンパ腫のように食欲が少し減る程度で、ほとんど症状が出ないという発見しづらいガンもあります。

Dr.須﨑の ワンポイントアドバイス

ガンと聞くと、あきらめてしまう方が多いようです。ガンのイメージは極限の体内汚染状態。ゴミを取り除けば体は正常に戻ります。そのとき体力が残っていなければ残念な結果になる場合もありますが、体力が残っていれば十分に回復は可能です。

早期発見のためにも日頃から愛犬の体を触り、きちんと排泄できているかを確認しましょう。そして、なる前にガンについて学んでおきたいものです。

原因

　人間を含め動物の体内の細胞は、一定の速さで規則的に分裂・増殖を続けています。ところが、何らかの要因で遺伝子に傷がつくとその規則を無視して、異常な増殖を始めます。それによってできた異常な組織が腫瘍であり、中でも特に転移しやすい悪性の腫瘍をガンと呼んでいるのです。

　では、どうして遺伝子に傷がついてしまうのでしょう。紫外線や放射線の影響、ウイルスやホルモンの関与、加齢や遺伝によるものなど、さまざまな原因が説かれていますが、いまだ、これといって確定されたものはありません。

　私は、ガンは体内汚染が極限まで進んだ結果、抵抗力が弱った状態だと考えています。腫瘍という形で出てきた、いろいろな老廃物をため込んだ組織ともいえるでしょう。

　というのは、病原体や化学物質、重金属などを排除する漢方薬を摂取して、体の中から取り除くと、抵抗力が正常に戻るケースが多数あるからです。それで戻らないときには、さらに免疫力の強化を図りますが、体内から老廃物を排出するだけで、ガンの自然退縮が起こるケースは少なくありません。

　ガンの自然退縮といえば奇跡的な現象のように思われがちですが、実はそうではありません。日々、体の中で起こっていることなのです。

　私たちの体内には毎日、ガン細胞ができていますが、それを排除する機能が正常に作用しているため、ガンにならずに済んでいるというわけです。排除機能が元通り働くようになれば、ガンは自然に消えていくでしょう。そのため、まずは体の中の老廃物を取り除くという視点から、ガン治療にアプローチする方法があります。

動物病院での一般的治療方法

まず、皮膚の組織の一部を採取して調べる組織診断などによって、腫瘍が良性か悪性かという種類を判別します。また、X線検査などで他の組織に転移していないかを確認します。良性の腫瘍であっても、基本的には切除手術を行なうケースが多いようです。

直径1センチ程度の大きさのガンの場合は、病巣とその周辺の健康な部分も含め手術で取り除きます。早期の段階で発見されたガンなら、切除して手術後に抗ガン剤などの化学療法を行なうことによって完治が可能。ガンの種類を問わず、治る確率は高くなります。

ただし、肝臓ガンや胃ガンなど腹部の腫瘍は進行してから発見されるケースが多く、手術で完全にガンを取り去ることは困難なこともあります。

さらに、骨のガンの場合は足を切断したり、口腔内のガンの場合はあごの骨を切除するなど、飼い主さんが決断を要する手術もあります。

病巣が大きくなっている場合や悪性リンパ腫など血液のガンに対しては、手術ができません。基本的には、放射線療法や抗ガン剤による化学療法を行ないます。はれは引くものの、毛が抜けるなどの副作用を伴います。

いずれにしても、人間と同じように犬のガンも治療が難しい場合が多いので、早期発見が何より重要になります。

Dr.須崎オススメの自宅でのケア方法

第一に体の中の汚染をなくすために、病原体や化学物質、重金属を排除することに焦点を合わせます。体内からそうした老廃物が出ていけば、体は自然に元の正常な状態に戻ろうとするものです。愛犬の治癒のスイッチが必ず入ると信じて、治療に取り組んでください。

それには食事療法に精通した獣医師に十分相談しながら、手作り食を行なうこと。体の中から老廃物などを排出する漢方薬を利用するのも効果的です。

また、体内に活性酸素が増え過ぎ、細胞が傷ついてしまっている場合が多いので、対策が必要になります。免疫力を増強させるビタミン類や抗酸化物質の多い食材を用いた手作り食にするのはもちろん、状況に応じてサプリメントなどで補給してもいいでしょう。

乳腺など体の表面の浅い部分にできたガンなら、温灸を行なってガン細胞を退治する効果も期待できます。こうした治療方法があるくらいですから、まずガンは熱に弱いものだということも知っておいてください。

ただし、愛犬が発熱している場合など、むやみやたらと解熱剤を使って下げないように。それは、体がガン細胞を何とかやっつけようとしているあかしです。飼い主さんは「今、この子はガンと闘っているんだな」と受け止めて、きちんと闘える状況を作ってあげてほしいと思います。体力が消耗し過ぎないよう、適切にビタミンやミネラルを補給してあげましょう。

また、そういうときはどうしても食欲が減退するのが普通です。それでも、水分を摂取して脱水症状にさえ気をつければ乗り切れるはずです。水を全く飲もうとしない場合は、愛犬の好みの風味づけをしたスープを作ってあげるといいでしょう。

とにかく、ガンに対するケアとしては飼い主さんが落胆しないで、気持ちを強く持つことが大切です。飼い主さんの不安はそのまま犬にも伝わり、抵抗力が落ちてしまうことが考えられるからです。最悪の事態を覚悟しつつも、最後の瞬間まで可能性が1％でもある限り、決してあきらめないでください。

手作りごはんでガン・腫瘍を改善したワンちゃん談

東京都　ゴールデンレトリーバー　クララ　10歳

クララが血便を出すようになり、動物病院に行ったところ、腸に腫瘍があるが高齢で手術は危険なので、サプリメントで様子を見ようといわれました。そんなとき、友人に須﨑先生をご紹介いただき、食事療法とガン対策プログラムを始めました。

真っ先に効果を感じられたのは体臭と口臭が消えたことでした。ごはんもおいしそうに食べてくれ、日に日に元気になっていきました。2週間後に血便が止まり、7カ月後には腫瘍が消えていました。あのとき、あきらめなくて本当によかったです。

効果的な栄養素

【ビタミン・ミネラル】

ガンを改善するにはすべてのビタミン、ミネラルを摂取したいものです。不足すると、リンパ球が正常に働かなくなる場合があります。免疫力強化のためにも、緑黄色野菜を中心とした食事を心がけてください。

【EPA・DHA】

魚の脂肪に含まれるオメガ3系脂肪酸は、血行を促進して、ガン治癒のためのスイッチを入れてくれます。また、病原体対策にも効果を発揮します。

【食物繊維】

有害物質を排出するには食物繊維が不可欠。ガン予防のためにも、積極的に摂取しましょう。

食事による改善方法

最初に、よくある誤解を解きたいと思います。炭水化物を摂取するとガンになるという説は全くありえない話です。当然、ガンの犬に炭水化物を与えても問題はないということを再確認しておきましょう。

まず、野菜には免疫力を高めるビタミンやミネラル、抗酸化物質が豊富に含まれています。毎日の手作り食に、積極的に取り入れてください。

動物性食品としては、肉より魚がおすすめです。血行を促進させるためにも、オメガ3系脂肪酸を多く含むイワシやシャケなど、魚を中心に食べさせるといいでしょう。

ガン・腫瘍に効く 簡単レシピ例

Step1 鍋に水とひじき、トロロコンブを入れて火にかけ、だしをとる。

Step2 シャケ、かぼちゃ、大根、ブロッコリー、トマトを一口大に切っておく。

Step3 1の鍋に2を加え、野菜がやわらかくなるまで煮る。

Step4 器に玄米を盛り、冷めた3をスープごとかける。

Step5 風味づけとしてティースプーン1杯ほどのオリーブ油をかけて完成。

ガン・腫瘍に
症状緩和・予防効果のある食材

＋α 風味づけグループ

だし（肉・魚の煮汁
カツオだし
昆布だしなど）
ちりめんじゃこ
トロロコンブ
煮干し
削りガツオ

1群 穀類グループ

白米・玄米
五穀米
うどん・そば
ハトムギ
さつまいも

＋α 油脂グループ

オリーブ油
植物油
（コーン油・キャノーラ油）
ごま油・鶏皮

3群 野菜・海藻グループ

ごぼう・さつまいも
かぼちゃ・トマト
大根・大根葉・小松菜
きのこ・ブロッコリー
カリフラワー・キャベツ
わかめ・ひじき

2群 肉・魚・卵・乳製品グループ

卵・アジ・イワシ
カツオ・シャケ
タラ・ニシン
マグロ・サバ

ひとことアドバイス

あきらめることはいつでもできます。
その前に体の老廃物を取り除けば、
好転するケースも多いことを知ってください。

膀胱炎・尿結石症

手作り食に変えれば効果てきめん

これらの病気はかかっていても発見が遅れがち。日頃から、愛犬の尿の状態をチェックする習慣をつけたいものです。

症状

もっとも典型的な症状としては排尿の回数が増え、その一方で尿が出づらくなります。また、排尿の姿勢をとってしゃがんでも、なかなかオシッコが出ないなど、残尿感があるようです。元気がなくなって、食欲が減り、発熱する場合もあります。

膀胱炎になると尿が濃い黄色になって、濁りが出てきます。尿結石症になると尿がキラキラと光って見えるので、病気が判明するケースもあります。

さらに症状が進行していくとにおいが強くなったり、血尿が出たりします。摂取水分量が少ないと、膀胱に長時間尿がたまり、その間に赤血球が破壊され、血色素が溶け出し、尿の色が濃くなります。

膀胱の病気は発見が遅れ、発見時には慢性化していることが少なくありません。

マーキングの習性と病気のサインを混同しないように、飼い主さんは日頃からオシッコの色や状態を確認し、病気予防に努めましょう。

Dr.須﨑の ワンポイントアドバイス

「うちの犬は散歩のときしかオシッコをしない」という話をよく聞きます。当院に結石症の治療で来る犬の大半が室内で排尿しない子です。上記の症状を参考に、気になる部分が見つかったら、なるべく早く手作り食を始めてください。

摂取水分量を増やすにも、犬に水だけを大量に飲ませるのは難しいでしょう。食事と一緒にとれるようにすることが理想であり、現実的な対策です。

原因

これらの症状のほとんどは、感染症によるものです。尿道から細菌が侵入して、膀胱や腎臓に感染して炎症を起こします。膀胱炎の多くは慢性化して、細菌の感染が広がり、腎盂腎炎に移行する場合もあります。

さらに、膀胱や腎臓の炎症によって細胞などがはがれ、そこにミネラルが付着すると、結晶化します。その結晶を核として結石ができ、尿結石症になります。小さな砂状の石は排尿時に出るので、明らかに症状が認められるのは石がかなり大きくなった状態が大半です。

どちらも、雄犬より尿道が太く短いため細菌が侵入しやすい雌犬に多く発生します。

本来、膀胱や腎臓には細菌の感染を防ぐ働きが備わっています。それにもかかわらず感染してしまうのは、体の免疫力が低下していることに加え、水分摂取量の少なさが最大の要因と考えられます。

たとえ結晶ができても排尿がきちんとできていれば、尿と一緒に流れ出るものです。飼い主さんは、水分さえ十分に与えていれば愛犬が結石症になるリスクを最小限にとどめられるということを知っておいてください。

また、東洋医学的には恐怖心が膀胱や腎臓に刺激を与えるといわれています。ですから、ペットショップで長く売れ残り、展示されないまま暗がりに置かれていた犬には膀胱炎などの症状が出ることもあります。

自宅でもワクチン接種が済むまで外に出さない方がいいとダンボールなどに入れておくケースがあるようですが、とんでもない話です。生後3カ月半までは、できるだけいろいろなものに触れさせることが大切です。膀胱炎や結石を防ぐためにも、暗がりに閉じ込めるようなことは決してしないでください。

動物病院での一般的治療方法

膀胱炎の疑いがあるときには尿を検査し、尿中の白血球数を調べます。白血球数が通常より増加していると、膀胱炎と診断されます。また、尿中の細菌数を調べる場合もあります。ただ、尿道などには常に細菌がある程度存在するものなので、一定数以上を確認した上で膀胱炎という診断を下します。

膀胱炎に対しては、抗菌薬や抗生物質を与える薬物療法が中心です。しかし、病状が進行してから発見されると、治療が困難になります。尿路では、抗生物質などの薬が効きにくいからです。慢性化する前の初期の段階でしっかりとした治療を行なわなければ、尿結石症につながるケースもよく見られます。

尿結石症は、X線検査などによって結石を見つけ、その大きさや位置、状態などを調べます。さらに感染症対策として、抗生物質を与えます。

原則的には、結石は手術で取り除きます。それほど結石が大きくなかったり、症状が出ていない場合は石を溶かす薬を飲ませるなど、薬物による内科療法がとられます。または、大量の水を飲ませて結石を尿と一緒に流し出すようにします。

尿結石症は手術などで石を取り除いても、感染症対策を行なわなければ再発する可能性の高い病気です。再発周期がどんどん短くなり、繰り返し手術を受ける犬も少なくないようです。

Dr.須崎オススメの自宅でのケア方法

まず、飼い主さんは愛犬のオシッコをチェックしてみてください。濃い黄色になっているようなら、すでに通常ではない状態にあるということです。現在の水分摂取量が不足しているのは、ほぼ間違いないでしょう。日頃からたっぷりと水分をとって、スムーズな排泄の流れを作っておけば、これらの病気にかかるリスクは必ず少なくなります。

室内で排尿する習慣のない犬というのも、水分摂取量が不足している証拠です。絶対量が足りていないので、散歩のときまでがまんできてしまうのです。

愛犬が室内でオシッコをした

がるくらいまで、水分たっぷりの手作り食を食べさせてあげましょう。すると、オシッコをがまんできなくなってウロウロし始めるはずです。そのとき「ここにしなさい」と教えて、きちんとできたなら、よくほめてあげるといいでしょう。今まで、そういう習慣が全くなかったとしても、学習能力のある犬はすぐに覚えることができます。まずは、室内で安心してオシッコができるような環境を整えてあげてください。

また、結石症を防ぐには尿のペーハーをコントロールしなければならないと多くの人たちが思い込んでいます。私は本質的には関係ないと考えていますが、どうしても調節したければビタミンCを多く摂取すると、尿はアルカリ性から酸性に変えられます。そのとき、新たな結石ができるともいわれていますが、水分量さえ十分に保たれていればほとんど問題になることはないでしょう。

なお、X線検査を受けて、石が完全にできあがってしまっているのが確認された場合、結石の種類と尿のペーハーしだいでは、お茶などで溶かすことも可能です。ただ、膀胱に大きな結石ができると粘膜を傷つけて炎症を起こし、ついには機能しなくなるケースもあります。最悪の事態を考えて、手術で取り除き、再発を防ぐということも視野に入れた方がいいでしょう。かかりつけの獣医師とよく相談して、手術すべきかどうかを判断してください。

手作りごはんで膀胱炎・尿結石症を改善したワンちゃん談

長野県　ダルメシアン　勝男　8歳半

愛犬勝男は6歳半頃から尿管結石に悩まされ、血便やら尿が詰まって、大変な思いをさせていました。04年以来手作り食を実践しています。

以前は毎日作っていましたが、ごはんにかける具のみを作り置きしています。ハトムギや鶏肉、大根などを煮た具を4日分、冷蔵庫に保存しているので簡単に続けられます。

おかげで、あれだけ詰まった尿がウソのようです。毛のつやもよくなったように思います。先日、獣医さんに手作り食の本をご紹介させていただき、大変喜ばれました。

効果的な栄養素

【ビタミンA】

膀胱の粘膜を強化して、病原体の侵入を防ぐビタミンAの摂取を心がけましょう。とりわけ、緑黄色野菜に多く含まれるβ-カロテンは免疫力を高めるために必須の栄養素です。

【ビタミンC】

膀胱の粘膜を保護する働きのあるビタミンCは不可欠の栄養素。なおかつ、有害物質の侵入を防ぎ、体内を結石のできにくい状態に保ってくれます。

【EPA・DHA】

魚の脂肪に多いオメガ3系脂肪酸は血行をよくして、治癒を促進します。免疫機能を助け、炎症を抑制する働きもあります。

食事による改善方法

これらの病気に対する一番の特効薬はおいしいスープです。愛犬の好きな肉や魚をベースに風味づけをして、具だくさんのスープをたっぷりとごはんにかけて食べさせましょう。

その際、緑黄色野菜と魚を多めに取り入れることを意識してください。ビタミンA豊富なレバーを用いるのもいいでしょう。

水分の多い手作り食に変えれば、これらの症状はたいてい落ち着いてくるものです。もしも、それでも効果が出ない場合は重症の感染症にかかっている可能性があります。かかりつけの獣医師に相談して、感染症対策を行なってください。

膀胱炎・尿結石症に効く 簡単レシピ例

Step1 鍋に水とじゃこを入れて火にかけ、だしをとる。

Step2 牛レバー、かぼちゃ、ほうれんそう、大根、トマト、キャベツを一口大に切る。

Step3 1の鍋に2を加え、野菜がやわらかくなるまで煮る。レバーから出るアクは取り除く。

Step4 器にごはんを盛り、冷めた3をスープごとかける。

Step5 風味づけとしてティースプーン１杯ほどのごま油をかけて完成。

※デザートにビタミンCの多い果物をあげてもいいでしょう。

膀胱炎・尿結石症に症状緩和・予防効果のある食材

+α 風味づけグループ

だし（肉・魚の煮汁
カツオだし
昆布だしなど）
ちりめんじゃこ
トロロコンブ
煮干し
削りガツオ

1群 穀類グループ

白米・玄米
五穀米
うどん・そば
ハトムギ
さつまいも

+α 油脂グループ

オリーブ油
植物油
（コーン油・キャノーラ油）
ごま油・鶏皮

3群 野菜・海藻・果物グループ

かぼちゃ・トマト・ほうれんそう
大根・レタス・れんこん
ごぼう・小豆・豆腐・きのこ
さつまいも・キャベツ
くるみ・ピーナッツ
ひじき・昆布
いちご・みかん
オレンジ

2群 肉・魚・卵・乳製品グループ

卵・レバー・鶏肉
アジ・イワシ・カツオ
シャケ・タラ・ニシン
マグロ・サバ

ひとことアドバイス

この病気に対してはすぐ結果が出てきます。始めようかどうかと迷っているより、とにかく手作り食を実践してみてください。

消化器系疾患・腸炎

腸を休める絶食が有効な場合も

下痢は犬によく見かける症状です。ただ何度も繰り返すようなら、消化器系の病気を疑った方がいいでしょう。

症状

嘔吐や下痢をたびたび繰り返し、食欲が落ち、元気がなくなります。また、腹部がふくれたり、口臭が強くなるなどの症状が見られる場合もあります。

このような表立った症状が出なくても、消化器に異常があると消化・吸収が十分できなくなります。食事をきちんと食べているのに、やせてきたときは腸炎を疑った方がいいでしょう。

小腸に炎症を起こすと、液体状のゆるい便が出やすくなります。栄養を吸収できなくなり、貧血を起こし、体重が減ります。一方、大腸に炎症がある場合は、便に血や粘液が混じりやすくなります。排便回数は増えることが多いようですが、栄養は小腸で吸収されているので、体重の変化はそれほど見られません。

病状が進行して下痢や嘔吐を繰り返していると、どんどん衰弱していくことがあります。食べ過ぎや異物を食べたなどの原因が思い当たらないのに、下痢便が続くときは早めに獣医師の診察を受けましょう。

Dr.須﨑のワンポイントアドバイス

愛犬が下痢をすると何とか止めてあげたくて、治療もそこだけに焦点を合わせがちです。しかし、症状には必ず意味があります。本来、出ようとするものを無理に体の中に押し戻すべきではないでしょう。

それより3～4日間腸を休ませてみては。食事を与えず、くず湯など（P33参照）で水分はしっかりと補給します。全く食べさせないのは不安という方は、1日2食のうちの1食を変えるといいでしょう。

原因

消化器系の病気の原因は感染症によるものがほとんどです。腸内に細菌やウイルスなどが感染して、腸の粘膜全体に広がり、炎症を起こしているのです。大腸性の下痢が続くときは、寄生虫が原因となっているケースも見られます。これらを体外に流し出そうとして、腸が収縮し、下痢などの症状が出ます。

精神的にデリケートなタイプの犬なら人間と同じようにストレスが要因となって、腸の状態が安定しないという場合もあります。下痢をしやすい犬は「そういう体質ですから」の一言で、済まされてしまうことも多いようです。食事をいくら変えてみても愛犬の下痢が止まらないと、悩んでいる飼い主さんの話もよく耳にします。

しかし、消化器系の病気に対しても原因は必ず存在します。体質だからこそ変えられると信じて、治療に取り組んでもらいたいと思います。

ときには、下痢を何度も繰り返すのは単純に食べ過ぎのせいという場合もあります。必要以上の食べ物を摂取すれば、体が受け付けずに流れ出すのは当たり前のこと。それなのに飼い主さんの方では理由がわからずに焦って、いろいろな療法を試しているというケースも少なくないようです。

腸内の細菌バランスは食べたものによって変わります。一部の腸内細菌が過剰に増殖するなど、バランスが崩れることも腸炎や下痢の大きな要因になります。腸が元の状態に戻ろうとしているのです。ですから、下痢が続いているようなときは食事の内容を頻繁に変えないように気をつけてください。同じものを続けると、症状が落ち着く場合が見られます。手作り食においても、あえて毎日同じメニューにするといいでしょう。

動物病院での一般的治療方法

腸炎に対しては、腸の粘膜の炎症を抑えるため、主に副腎皮質ステロイド薬を投与します。寄生虫に感染しているときには、駆虫薬を使います。

また、症状が軽度で比較的体力がある犬には、獣医師の指導のもと、食事療法も併用して行なわれます。2日間ほど、固形物を全く与えずに絶食させるのです。

一方、慢性化した腸炎は薬で一時的に症状を抑えることはできても、完治はほとんど望めないといわれています。

下痢が続く場合は、糞便検査や尿検査、内視鏡検査などにより、大腸・小腸のどちらに原因があるのかを見分けます。食事の内容についても、食べ慣れないものをとらなかったかなどを確認します。

その上で下痢止めの薬を与え、犬に元気があるようなら1、2日間の絶食をさせます。場合によっては、注射などで輸液して水分と栄養分を補給しながら、絶水させることもあります。

絶食後は、通常の半量ほどの消化のよい食事を与えて、様子を見ます。その後も、しばらくは消化器に負担がかからない療法食を続けます。

なお、下痢や嘔吐で脱水症状になったときは注射による輸液で水分を補い、重症の場合は点滴を用います。重症の貧血に対しても、輸液や輸血を行なう場合があります。

Dr.須崎オススメの自宅でのケア方法

腸炎などの消化器系疾患は、デリケートな犬がかかりやすい傾向があります。そういう犬に対しては、たっぷりとスキンシップすることが大切。よくなでてあげたり、一緒に遊んであげれば、飼い主さんの愛情を感じて、ストレスが緩和されます。結果的に細菌やウイルス対策にもなり、症状が落ち着いていく場合も少なくないのです。できるだけ意識的に愛犬とコミュニケーションする時間を増やしてください。

また、下痢をしているときは体温が下がりぎみになるので、室温に気づかい、体を温めてあげることも重要です。いつも手作り食を作り置きして冷たいままで与えている方も、こういう場合は少し温めてから食べさせると喜びます。毛布などにくるんで、やさしくなでてあげるのもいいでしょう。

以上のような観点からも、全身を温め、スキンシップもできるマッサージはもっともおすすめの手軽にできるケア方法です（P134参照）。

下痢などの症状が見られる場合は、まず飼い主さんが手をこすり合わせてよく温めてから、愛犬のおなかに手をあててあげてください。それから、丸く円運動するようにソフトタッチでマッサージを始めます。おなかを中心にどの部分に触れると一番喜ぶのか、反応を見ながら全身をなでてあげましょう。敏感な犬は指先から飼い主さんの愛情を感じとって、精神的にとてもいやされるはずです。のみならず、血行がよくなり、体の免疫力もアップします。

吐いたり、下痢をしたりが続く消化器系の疾患は部屋が汚れ、当の犬自身も汚れて情けなく、つらい気持ちに陥りがちです。そこで、飼い主さんまでもが落ち込まないように。不安や心配はそのまま愛犬に伝わり、一層症状を悪化させる要因にもなりかねません。

手作り食に取り組み出した後も、下痢などの症状が続くことがあっても、それは元の正常な状態に戻ろうとしているサインだととらえましょう。体の大切な正常化機能が働いているのだと理解してください。

手作りごはんで消化器系疾患・腸炎を改善したワンちゃん談

愛知県　ゴールデンレトリーバー　マックス　3歳

マックスの下痢が止まらなくなり、動物病院で薬を出していただきました。でも、薬を止めると下痢が再発し、一生薬を飲み続けなければならないといわれました。その頃、友人から須﨑先生を紹介していただき、早速手作り食に切り替えました。

最初、須﨑先生に「ひどくなるかもしれませんが、2週間はがまんしてください」といわれたとおり、血の混じったひどい下痢になりましたが、2週間でピタッと止まりました。今では、マックスもほれぼれするようなウンチをしています。

効果的な栄養素

【ビタミンA】

胃腸の粘膜を保護するために必須の栄養素です。中でも、緑黄色野菜に多いβ-カロテンは強い抗酸化作用で免疫力を高め、感染症対策に役立ちます。

【ビタミンU】

キャベツやレタスに多く含まれるビタミンUは、人間の胃腸薬にも配合されている成分。腸の粘膜の新陳代謝を活発にし、粘膜を修復する働きがあります。

【食物繊維】

便の状態を良好にするには、食物繊維の摂取が有効です。不足すると、腸内環境の悪化を招くので、毎日の手作り食に積極的に取り入れてください。

食事による改善方法

脂肪分が少なく、消化しやすい食材を選ぶのが第一です。具体的には、脂身やトロを食べさせないようにしてください。イカやタコも、症状が落ち着くまでは避けた方がいいでしょう。

腸の粘膜を保護するには、くずを利用してとろみをつけることも重要です。くず湯やくず練りなど（P33参照）を作っておくと、食欲がないときのエネルギー補給にも役立ちます。

消化器系の病気を防ぎ、便の状態を安定するためにも、日頃から食物繊維の多い食事を心がけましょう。経験上、便をかたまらせるには特に山いもが効果的です。

消化器系疾患・腸炎に効く 簡単レシピ例

Step1 鍋に水とじゃこを入れて火にかけ、だしをとる。

Step2 タラ、さつまいも、大根、キャベツを一口大に切る。

Step3 1の鍋に2を加え、野菜がやわらかくなるまで煮る。

Step4 器にごはんを盛り、冷めた3をスープごとかける。
さらにすりおろした山いもと、よくかき混ぜた納豆を盛る。

Step5 風味づけとしてティースプーン１杯ほどの
オリーブ油をかけて完成。

消化器系疾患・腸炎に
症状緩和・予防効果のある食材

+α 風味づけグループ

だし（肉・魚の煮汁
カツオだし
昆布だしなど）
ちりめんじゃこ
トロロコンブ
煮干し
削りガツオ

+α 油脂グループ

オリーブ油
植物油
（コーン油・キャノーラ油）
ごま油・鶏皮

1群 穀類グループ

白米・玄米
五穀米
うどん・そば
ハトムギ
さつまいも

3群 野菜・海藻グループ

さつまいも・かぼちゃ・にんじん
ほうれんそう・小松菜
ブロッコリー・山いも
大根・じゃがいも・ごぼう
キャベツ・レタス
アスパラガス
豆腐・納豆
わかめ・ひじき

2群 肉・魚・卵・乳製品グループ

赤身肉・タラ・シャケ
カジキ・ヒラメ
カッテージチーズ
ヨーグルト

ひとことアドバイス

症状を止めることも大切ですが、
腸内環境を整えて自然に
症状が消えることを目標にしましょう。

肝臓病

良質のたんぱく質で肝機能を再生

症状の出にくい肝臓の病気は、見つかると進行している場合がほとんど。日頃から気をつけたい重要な臓器です。

症状

元気がなくなったり、食欲が減退する場合もありますが、特に目立った症状は表れません。病状が進行すると、黄疸が出るケースもあります。

原因

病原体が感染して、肝臓に炎症が起こります。また、処理能力を超えた化学物質などが長期的に入り、オーバーヒートした状態にあるとも考えられます。

動物病院での一般的治療方法

まず、血液検査を行ない、肝臓の数値が基準を上回っていれば肝臓病と診断されます。

治療としては、主にその数値をコントロールするための薬物療法を行ないます。肝機能を強化する薬や栄養分を与えて、症状を和らげ、病状の進行を予防します。

肝臓は体の中でもっとも再生能力の高い臓器なので、再生を促進する高たんぱくを中心とした食事療法も重要です。

Dr.須﨑オススメのケア＆食事法

肝臓にトラブルが生じたときには、何より食べさせ過ぎないことです。食事量を少なくしたり、週1、2食抜いて、肝臓を休ませるといいでしょう。

東洋医学には「同物同治」という考え方があり、肝機能を強化するには同じ肝臓、つまりレバーを使うのも効果的です。

なお、肝臓は悪化しないとなかなか症状が出ないので、予防のためにも健康診断で定期的なチェックを心がけましょう。

肝臓病に症状緩和・予防効果のある食材

1群 穀類グループ

白米・玄米・五穀米
うどん・そば
ハトムギ
さつまいも

2群 肉・魚・卵・乳製品グループ

卵・鶏肉・牛肉・豚肉
レバー・シジミ・アサリ
マグロ・カツオ
イワシ・タラ

3群 野菜・海藻グループ

さつまいも・かぼちゃ・にんじん
ほうれんそう・小松菜・山いも
ブロッコリー・カリフラワー
大根・かぶ・じゃがいも
トマト・なす・ごぼう
しいたけ・しめじ・まいたけ
大豆・豆腐・納豆
ひじき・昆布

+α 油脂グループ

オリーブ油
植物油
（コーン油・キャノーラ油）
ごま油・鶏皮

+α 風味づけグループ

だし（肉・魚の煮汁
カツオだし
昆布だしなど）
ちりめんじゃこ
トロロコンブ
煮干し
削りガツオ

ひとことアドバイス

食事量は少なめに、肝臓の再生を促す

良質なたんぱく質を多くとることを心がけましょう。

肝臓病に効く 簡単レシピ例

Step1 鍋に水とじゃこを入れて火にかけ、だしをとる。
Step2 鶏レバー、にんじん、小松菜、かぶ、しいたけを一口大に切る。
Step3 1の鍋に2を加え、野菜がやわらかくなるまで煮る。
Step4 器にごはんを盛り、冷めた3をスープごとかける。
Step5 さらにすりおろした山いもと、よくかき混ぜた納豆を盛る。
風味づけとしてティースプーン1杯ほどのオリーブ油をかけて完成。

腎臓病

食事の管理が大きな役割を担う

高齢の犬に多く見られがちな腎臓病。その治療においては、日常的な食事の管理が大きな役割を負っています。

症状

血液をろ過する腎臓の機能が衰えると、体内に老廃物がずっと残った状態になります。そのため、元気がなくなり、食欲が減退します。ときには、嘔吐や下痢をしたり、脱水症状も見られます。重症になると、老廃物が体内に大量にたまり、尿毒症を引き起こすケースもあります。

一方、症状が落ち着いていると、定期検診などの血液検査で初めて腎臓病が発見される場合も少なくありません。

原因

腎臓病には、歯周病菌による腎臓の炎症という説もあれば、尿道から病原菌が入るという説もあります。また、腸のトラブルが原因になる場合もあります。年をとって腎機能が衰え、腎臓病になる犬も多く見られます。

水をたくさん飲むと腎臓に負担がかかって病気になるという説も聞きますが、ありえない話です。むしろ水分量が不足すると十分に排泄できなくなるため、腎臓病のリスクが高まります。

動物病院での一般的治療方法

最初に血液検査や尿検査を行ないます。その結果に応じて、治療法は異なってきますが、主に利尿剤の点滴や薬を用いて尿の量を増やします。

また、腎臓病になると体内でたんぱく質を代謝したときに発生する窒素化合物が排出されず、血液の窒素濃度が上昇する高窒素血症が起こります。これを防ぐには、不要な窒素化合物を吸着させる活性炭などの薬を飲ませます。

さらに、たんぱく質を必要最小限にした療法食が用意されます。その際に水を飲ませれば腎臓に負担がかかるからと水分を制限する場合もあるようですが、これは明らかな間違いです。利尿剤を投与した上に水分をとらなければ、脱水状態に陥ってしまいます。体内の毒素の排泄を促すためにも、飲みたいだけの水分を与えるべきです。

Dr.須﨑オススメの自宅でのケア方法

歯周病は腎臓病の原因のひとつとして疑われています。口の中のケアは、病原体の感染をシャットアウトするだけでなく、病状の悪化を防ぐ上でも大いに有益です。

歯周病対策のケア方法（P71参照）を参考にして、積極的に行なってください。まずは、日々の歯みがきの習慣をつけること。そのとき、大根やごぼうなど野菜の絞り汁を使うのがポイントです。市販されているクマザサのエキスや乳酸菌を利用してもいいでしょう。どうしても歯みがきを嫌がる犬には、それらを口の中にたらしてあげるだけでも効果が期待できます。

手作りごはんで腎臓病を改善したワンちゃん談

東京都　シェットランドシープドッグ　バディ　13歳

突然、バディの元気がなくなり、病院に行ったところ腎不全だといわれました。点滴と療法食を食べるようにいわれましたが、美味しくないようで食べてくれません。腎不全の前に栄養失調で死んでしまうと思い、須﨑先生に診療をお願いしました。

バディの体調に合った食事プログラムを始め、かかりつけの病院で点滴も受けていると、血液検査の数値が基準値に近づいてきました。まだ高いのですが、食事も美味しそうに食べてくれているし、このまま余生を過ごしてくれたらと思っています。

効果的な栄養素

【植物性たんぱく質】

たんぱく質の摂取制限が必要な場合は、豆類を中心にベジタリアン食のイメージで手作りに取り組んでください。中でも、栄養価の高い大豆たんぱく質は腎臓の働きを助けてくれます。

【EPA・DHA】

魚に含まれるオメガ3系脂肪酸は、体内から病原体を排除するのに有益です。血行をよくして、腎臓病の要因となる動脈硬化を防ぐのにも役立ちます。

【アスタキサンチン】

魚介類に含まれる抗酸化物質。体内に老廃物がたまって発生する活性酸素を抑えてくれるので、積極的に摂取しましょう。

食事による改善方法

腎臓の障害理由によっては、たんぱく質の摂取制限が必要になります。肉類を全くとらなくて大丈夫かと心配する方もいるようですが、犬は基本的に雑食性が強いので、植物性たんぱく質主体でも普通に生活することができます。豆類を中心として、効率よく良質なたんぱく質を摂取してください。

また、イワシに含まれるイワシペプチドは腎臓の機能を強化してくれます。塩分を問題視する向きもありますが、東洋医学では腎臓に働きかけるのは塩辛い味といわれています。よほど食べ過ぎない限り、それほど気にする必要はないでしょう。

腎臓病に効く  簡単レシピ例

Step1 鍋に水とイワシの煮干しを入れて火にかけ、だしをとる。

Step2 にんじん、小松菜、さつまいも、ひじきを一口大に切る。
ごぼうはすりおろす。

Step3 1の鍋に2を加え、野菜がやわらかくなるまで煮る。
さらに一口大に手で崩した豆腐を加えてひと煮する。

Step4 冷めた3をスープごと器によそう。風味づけに
ティースプーン1杯ほどのごま油をかけて完成。

腎臓病に
症状緩和・予防効果のある食材

+α 風味づけグループ

だし（肉・魚の煮汁
カツオだし
昆布だしなど）
ちりめんじゃこ
トロロコンブ
削りガツオ
煮干し
小エビ

+α 油脂グループ

オリーブ油
植物油
（コーン油・キャノーラ油）
ごま油・鶏皮

1群 穀類グループ

白米・玄米・五穀米
うどん・そば
ハトムギ
さつまいも

3群 野菜・海藻グループ

さつまいも・かぼちゃ
にんじん・ほうれんそう
小松菜・アスパラガス
とうがん・ごぼう
大豆・豆腐・納豆
小豆・そら豆
昆布・わかめ
ひじき

2群 肉・魚・卵・乳製品グループ

卵・シャケ・イワシ
アジ・サバ・サンマ
マグロ・ブリ・カツオ

ひとことアドバイス

食事のたんぱく質が制限されても、
イワシペプチドを含むイワシや
豆類などで効率よく摂取してください。

肥満

適度な運動と生活習慣の見直しを

人間と同じく、肥満は万病のもとになります。太りぎみの犬は健康維持のためにもダイエットを始めましょう。

なぜ肥満はダメなの?

まず、飼い主さんは次の3つのポイントから愛犬の体型をチェックしてみてください。背中に触れたとき背骨が確認できますか。脇腹をなでると肋骨が感じられますか。上から見たとき腰のくびれがあるでしょうか。以上の3点をクリアできれば、肥満の心配はないでしょう。

飼い主さんには愛犬の体重を気にする方も多いようですが、数字を指標にすると本質を見誤ります。たとえ体重が多くても、筋肉や骨がしっかりしていれば問題はありません。数字の前に体型をよく観察することです。

では、肥満になると何が問題なのでしょう。化学物質は脂肪に溶けやすい性質があり、脂肪が多いと老廃物を体内にため込みやすい状態になってしまいます。さらに血液中の脂肪が増えて動脈硬化を招き、いろいろな臓器に悪影響を及ぼします。また、手術の際に肥満犬は麻酔薬が脂肪に溶け込んで麻酔にかかりづらく、さめるまでにも時間がかかり、麻酔事故の確率が高くなるという難点もあるのです。

Dr.須崎オススメの自宅でのケア方法

肥満の原因のほとんどは、食事内容と運動不足にあります。まず、散歩をよくして運動量を増やしてあげましょう。

ただ、肥満犬は関節に負担がかかって運動させられない場合もあります。そんなときには、ハイドロセラピーといって水の浮力を利用して水中を歩かせるトレーニングがおすすめです。犬専用の施設を利用してもいいですが、小型犬なら自宅のお風呂を使ったり、泳ぎの得意な犬は川などで運動させるという方法もあります。

食事内容については、ふだんのペットフードを手作り食に切り替えるだけでもかなりの効果が期待できます。たとえば、ドライフードの100グラムは手作り食では約4・5倍の450グラムに相当します。消化吸収率が違うので、たくさん食べても体が引きしまってくるはずです。毎日の手作りごはんを体脂肪率のコントロールに役立ててください。

また、肥満解消のためには規則正しい生活を送ることも大切です。少食であっても、遅い時間に食べさせると太ります。夜遅くに食事をとらないように、早寝早起きを徹底してください。

さらに、早起きして日の出の光を見ることは、体内時計のリセットや若返り効果があるといわれています。そういうモチベーションを持って、愛犬と一緒に朝日を眺める習慣をつけるのもいいでしょう。

太っている犬の飼い主さんは、同じように太っている傾向があるのも事実です。愛犬の肥満に悩む方は、まずご自身の生活習慣を見直すことが必要なケースもあります。

【手作りごはんとドライフードとの比較】

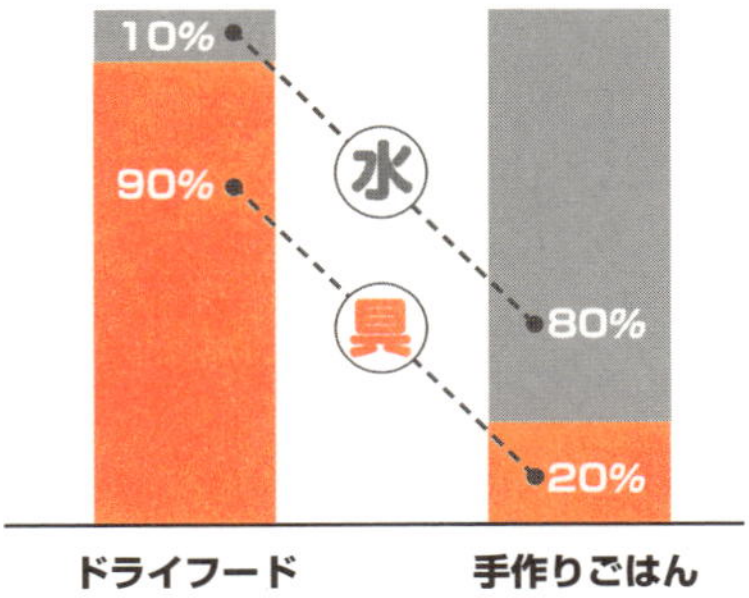

手作りごはんで肥満を改善したワンちゃん談

東京都　ミニチュアダックス　サンド　4歳

食いしん坊のサンドはいくらでも食べてしまうので、気がつけばブクブクに太ってしまいました。友達に手作り食をすすめられましたが、栄養バランスが崩れるような気がして、なかなか踏み出せずにいました。ついにサンドがソファに上がれなくなり、須﨑先生に相談しました。

私が不安になるほど、あまりにも簡単で、本当に大丈夫なの？　と心配でしたが、始めて3カ月くらいで体がしまってきました。今では、理想体重になって、元気なサンドに戻り、家族みんなで喜んでいます。

効果的な栄養素

【ビタミンB_1・B_2】

B_1は糖質をエネルギーとして活用するのを助け、B_2には脂質などのエネルギー代謝を促進する働きがあります。どちらも減量中には必須の栄養素です。

【クエン酸】

柑橘類などに含まれるクエン酸はダイエット効果が広く知られています。疲労回復にも有効なので、運動を続けるためにも積極的に摂取しましょう。

【食物繊維】

水溶性食物繊維は食物中の余分な脂肪や糖質の排出を促します。不溶性のものは腸の中でふくらみ、低カロリーで満腹感を得るのに役立ちます。

食事による改善方法

肥満犬のダイエットには、ビタミンB_1の豊富な煮干しをたくさん使った手作り食が効果的です。続けていくと、体が自然に引きしまってきます。

ただ、食事を変えてもジャーキーなどを合間に与えているとなかなか効果が出てきません。おやつにはかぼちゃやにんじんなど、甘みの多い野菜を活用すれば無理なく減量できます。

肥満に効く 簡単レシピ例

Step1 鍋に水と煮干しを入れて火にかけ、だしをとる。

Step2 こんにゃく、にんじん、ブロッコリー、ごぼう、豚肉、パイナップルを一口大に切る。

Step3 フライパンにティースプーン１杯ほどのごま油を熱し、野菜に火が通るまで2を炒めあわせる。

Step4 1の鍋に2を加える。冷めたらスープごと器によそう。

肥満に
予防効果のある食材

1群 穀類グループ

白米・玄米・五穀米
うどん・そば
ハトムギ
さつまいも

2群 肉・魚・卵・乳製品グループ

豚肉・鶏肉
レバー・卵・牛乳
サバ・イワシ・カツオ
マグロ・シャケ・アジ
アサリ・シジミ

3群 野菜・果物・海藻グループ

にんじん・ほうれんそう
小松菜・ブロッコリー
かぼちゃ・ごぼう・きのこ
豆腐・納豆・小豆
こんにゃく・わかめ
ひじき・昆布
パイナップル
みかん

+α 油脂グループ

オリーブ油
植物油
（コーン油・キャノーラ油）
ごま油・鶏皮

+α 風味づけグループ

だし（肉・魚の煮汁
カツオだし
昆布だしなど）
ちりめんじゃこ
トロロコンブ
煮干し
削りガツオ

ひとことアドバイス

歩けないほど太る前に運動をさせましょう。
食事には煮干しを
積極的に活用してください。

関節炎

食事管理だけでなく適切な運動を

丈夫な犬の関節も炎症を起こす場合があります。散歩のときは愛犬の歩き方を確認する習慣をつけたいものです。

症状

外傷がないのに歩き方がおかしくなります。左右の足のバランスがとれなかったり、足を引きずったり、地面から足を上げたりします。痛みやはれが伴うときには、散歩などの運動を嫌がったり、体を触られるのを嫌がるようになります。

室内で飼っている犬なら、ソファなどに飛び上がれなくなって変だなと気づき、レントゲンを撮ると実は関節炎だったというケースもありがちです。

原因

生まれつき関節に異常がある先天性のものと、激しい運動や老化、肥満などによる後天性のものの2種類に分かれます。

先天性の関節炎はもともと骨が変形していたり、関節がずれているので、手術しなければ根治が困難な場合もあります。

後天性の場合は、運動などで刺激を受けた関節がすり減って炎症が起こります。また、高齢や肥満によって関節に負担がかかるケースも見られます。

動物病院での一般的治療方法

触診やX線検査を行なって、診断します。症状に応じて抗炎症剤や痛み止めを与え、運動を制限して様子を見ます。内科的治療による効果が出ない場合は手術をして、関節を正常な形に整えます。

Dr.須崎オススメの自宅でのケア方法

関節に負担がかからないように運動制限するのは症状を抑えるためには有効ですが、かえって脚力が弱り、発症しやすくなる場合もあります。可能な限り、適度な運動は続けるべきです。

先天的な関節炎の犬であっても、筋力をつけることが必要です。日頃から運動させて、筋肉を鍛えておかなければ、ますます動けなくなってしまい、歩行も困難になりかねません。無理のない程度に、散歩をさせてあげてください。

患部を温めることも重要です。気になる部分に毛布をかけたり、マッサージするのもいいでしょう。足の先の方から、手のひらを使って、やさしくもんであげましょう。血行がよくなり、病状の改善にも役立ちます。

なお、先天的に関節がはずれやすい犬には自分で抜けた骨を治してしまう習慣性の脱臼になっているケースもあります。飼い主さんは心配でしょうが、それはそれで普通の生活を送れる場合が多いということも知っておいてもらいたいと思います。

また、アジリティで関節炎になっても、症状が落ち着きしだい再開する方も多いようです。その場合は、人間と同じように患部を保護しながら続けることになるでしょう。ただ、そうするからにはこの先、愛犬が歩けなくなってもいいくらいの覚悟があるかが問われているということを忘れないでください。

手作りごはんで関節炎を改善したワンちゃん談

東京都　ゴールデンレトリーバー　ラッキー　8歳

かかりつけの動物病院でラッキーが関節炎だといわれ、サプリメントなどを調べているときに須崎先生を知りました。相談したところ、食事、運動、日常生活の注意点など総合的にアドバイスしていただきました。

早速実践してみると、太りぎみだった体が2カ月くらいでしまってきて、歩き方のリズムも不自然だったのが、普通の歩き方に戻ってきました。レントゲンを撮ってもらうと、ほとんど問題ないといわれました。一時は座るのもつらそうだったのに、食事のパワー恐るべしです。

効果的な栄養素

【たんぱく質】

体を作るための基本となる栄養素。関節炎を改善するには、まず必須アミノ酸をバランスよく含んだ動物性たんぱく質を摂取して筋力をつけましょう。

【コンドロイチン】

ネバネバした食品に多く含まれる成分。軟骨のクッション作用に重要な役割を果たし、関節が円滑に働くのをサポートします。グルコサミンと一緒にとれば、より効力が発揮されます。

【グルコサミン】

細胞や組織を結合したり、軟骨を生成するために必要な成分です。傷ついて、すり減った軟骨の修復を促します。

食事による改善方法

筋力をつけるためにも、毎日の食事に良質なたんぱく質を積極的に取り入れてください。炎症が起こっているところには活性酸素が発生している場合が多く、それを除去する抗酸化物質も欠かせません。手作り食で、トータルに愛犬の関節をサポートしましょう。

また、コンドロイチンとグルコサミンを合わせて摂取すると、骨を保護してクッションの役割を果たす軟骨の合成が促進されることは広く知られています。ただ、どちらも食事だけでは摂取しづらい栄養素なので、市販のサプリメントなどを利用するといいでしょう。

関節炎に効く 簡単レシピ例

Step1 鍋に水と小エビ、鶏手羽先を加えて火にかける。

Step2 にんじん、ほうれんそう、大根、ブロッコリーを一口大に切る。

Step3 1の鍋に2と五穀米ごはんを加え、野菜がやわらかくなるまで煮る。煮えたら鶏手羽先の骨を外す。

Step4 冷めた3をスープごと器に盛り、すりおろした山いも、よくかき混ぜた納豆をトッピングして完成。

※五穀米がなければ、普通のごはんにかえてもかまいません。

関節炎に
症状緩和・予防効果のある食材

1群 穀類グループ

白米・玄米・五穀米
うどん・そば
ハトムギ
さつまいも

2群 肉・魚・卵・乳製品グループ

牛肉・豚肉・鶏手羽先
レバー・卵・牛乳
カツオ・マグロ・シャケ
アジ・イワシ・エビ
カニ

3群 野菜・海藻グループ

にんじん・ほうれんそう
小松菜・ブロッコリー
大根・ごぼう・さつまいも
山いも・おくら・なめこ
大豆・豆腐・納豆
わかめ・ひじき
昆布

+α 油脂グループ

オリーブ油
植物油
（コーン油・キャノーラ油）
ごま油・鶏皮

+α 風味づけグループ

だし（肉・魚の煮汁
カツオだし
昆布だしなど）
ちりめんじゃこ
トロロコンブ
削りガツオ
煮干し
小エビ

ひとことアドバイス

手作り食はもちろん大事ですが、
適度な運動も欠かさずに、
改善のための筋力アップを図りましょう。

糖尿病

手作り食で食べ過ぎを防ごう

肥満犬の増加に伴い、糖尿病にかかる犬が増えてきています。食事療法としては食べさせ過ぎないことが第一です。

症状

初期には症状がなく、進行してから初めてわかることの多い病気です。多飲多尿、過食が見られます。たくさん食べていても体重が減るときは要注意です。

原因

過食や運動不足による肥満や遺伝などが原因で、血糖値をコントロールするホルモンの分泌が不足したり、作用しなくなることから糖尿病は起こります。

すい臓から分泌されるインスリンには食後、体内の糖を細胞に取り込む指令を出す働きがあります。ところが、糖尿病になるとそれが機能しなくなり、血液中の糖の異常に増えた状態が続き、体にさまざまな障害として出てくるのです。

動物病院での一般的治療方法

インスリンの作用に問題がある場合は、カロリーを制限する食事管理が中心になります。分泌が不足するタイプに対しては、インスリン注射を行ないます。

Dr.須崎オススメのケア＆食事法

血糖値の調整に一番重要なのは食べ過ぎないこと。そのためにも、腹持ちのいい手作り食にしてあげましょう。

体内の老廃物を吸着して排泄を促す食物繊維は必須。あとは、カロリーコントロールしやすい低脂肪・良質たんぱく質を含む食材を使うといいでしょう。

カロリーさえ気をつければ、糖尿病の犬に与えてはいけない食品はありません。毎日、適度な運動もさせてあげてください。

糖尿病に症状緩和・予防効果のある食材

＋α 風味づけグループ

だし（肉・魚の煮汁
カツオだし
昆布だしなど）
ちりめんじゃこ
トロロコンブ
煮干し
削りガツオ

1群 穀類グループ

白米・玄米・五穀米
うどん・そば
ハトムギ
さつまいも

＋α 油脂グループ

オリーブ油
植物油
（コーン油・キャノーラ油）
ごま油・鶏皮

3群 野菜・海藻グループ

にんじん・ほうれんそう
大根・キャベツ・かぼちゃ
ごぼう・山いも・れんこん
おくら・なめこ・とうがん
こんにゃく・豆腐・納豆
わかめ・ひじき
昆布

2群 肉・魚・卵・乳製品グループ

鶏肉・卵
タラ・シャケ
カジキ・ヒラメ

ひとことアドバイス

カロリー制限でひもじい思いをさせないよう、食物繊維で満腹感のある食事にしてください。

糖尿病に効く 簡単レシピ例

Step1 鍋に水と昆布を入れて火にかけ、だしをとる。

Step2 鶏ささみ、にんじん、なめこ、おくら、豆腐、キャベツを一口大に切る。

Step3 1の鍋に2とごはんを加え、野菜がやわらかくなるまで煮る。

Step4 冷めた3をスープごと器によそい、すりおろした山いもをトッピングする。ティースプーン1杯ほどのごま油をかけて完成。

心臓病

血流を改善して心臓の負担を軽減

根治の難しい心臓病も手作り食でサポートできます。血液の流れをよくして、心臓への負担を減らしましょう。

症状

咳をしたり、苦しげな呼吸をします。まれに呼吸困難になって倒れるケースもありますが、検査で心雑音が聴こえて発見されるケースがほとんどです。

原因

心臓の弁が正常に機能しなかったり、心臓の膜が炎症を起こすなど、何らかの不具合が心臓に生じています。中には、先天性の病気もあります。

動物病院での一般的治療方法

まず、聴診やX線検査、心電図検査、超音波診断などで心臓の異常を突き止めます。

治療としては、一般的には薬物療法が中心です。強心剤で心臓の働きを強化したり、血管を拡張する薬で停滞した血液の流れを改善して、血圧をコントロールします。

また、余分な水分があると血圧が高くなるので、利尿薬を使って排泄させ、心臓にかかる負担を軽くします。

Dr.須崎オススメのケア＆食事法

心臓病の犬は激しい運動を控えるべきですが、全く散歩をさせないとかえってストレスがたまってしまいます。ほどほどの運動を心がけましょう。

最近では、心臓病の原因のひとつとして歯周病菌が疑われています。歯みがきなど、毎日の口内ケアは必須です。

食事には、血液中の脂質濃度を低下させる水溶性食物繊維や血流をよくするEPAを含む食材を積極的に取り入れてください。

心臓病に症状緩和・予防効果のある食材

+α 風味づけグループ

だし（肉・魚の煮汁
カツオだし
昆布だしなど）
ちりめんじゃこ
トロロコンブ
煮干し
削りガツオ

+α 油脂グループ

オリーブ油
植物油
（コーン油・キャノーラ油）
ごま油・鶏皮

1群 穀類グループ

白米・玄米・五穀米
うどん・そば
ハトムギ
さつまいも

2群 肉・魚・卵・乳製品グループ

赤身肉・鶏肉・卵
タラ・シャケ・カレイ
カジキ・ヒラメ
アジ・イワシ・サバ

3群 野菜・海藻グループ

にんじん・ほうれんそう
小松菜・かぼちゃ・ごぼう
じゃがいも・アスパラガス
ブロッコリー・きのこ・大根
大豆・豆腐・納豆・小豆
わかめ・ひじき
昆布

ひとことアドバイス

心臓の健康のためにEPAを含む魚と食物繊維が豊富な海藻や野菜を積極的にとりましょう。

心臓病に効く  簡単レシピ例

Step1 鍋に水と昆布を入れて火にかけ、だしをとる。
Step2 さつまいも、シャケ、大根、にんじん、ブロッコリーを一口大に切る。
Step3 1の鍋に2を加え、野菜がやわらかくなるまで煮る。
Step4 冷めた3をスープごと器によそう。
風味づけにティースプーン１杯ほどのオリーブ油をかけて完成。

白内障

抗酸化物質で視力低下を抑えよう

もう高齢だから…と飼い主さんにも、あきらめがちな白内障。初期の段階なら、食事による改善も可能です。

症状

目の水晶体が白く濁る病気です。悪化すると、どんどん視力が落ちていきます。視力障害が進むにつれ、何かにぶつかるなどケガをする危険性が高まります。

原因

目の中のたんぱく質が変化して、正常に機能しなくなります。加齢によるものが大半です。もしくは糖尿病が原因になり、発症する場合もあります。

動物病院での一般的治療方法

薬物療法が中心です。点眼薬などを使って、病状の進行を抑えます。犬はもともと視覚だけに頼って生活していないので、初期の段階なら、それほど支障はありません。

最近では、重症になると人間と同じような手術も行なわれています。濁った水晶体を摘出して、透明なものに交換するのです。まだあまり一般的な治療法ではないので、経験豊富な獣医師に相談しましょう。

Dr.須崎オススメのケア&食事法

目は、体の中でもっともビタミンCの多い部分です。軽度の白内障なら、ビタミンCを大量投与すれば改善が見込めます。

一方、犬は体内でビタミンCを合成できるので摂取しなくていいという説がありますが、体内の活性酸素を除去するには、毎日の食事に積極的に取り入れるべきだと思います。

また、目の健康に効果のある活性水素のサプリメントや水を利用するのもいいでしょう。

白内障に症状緩和・予防効果のある食材

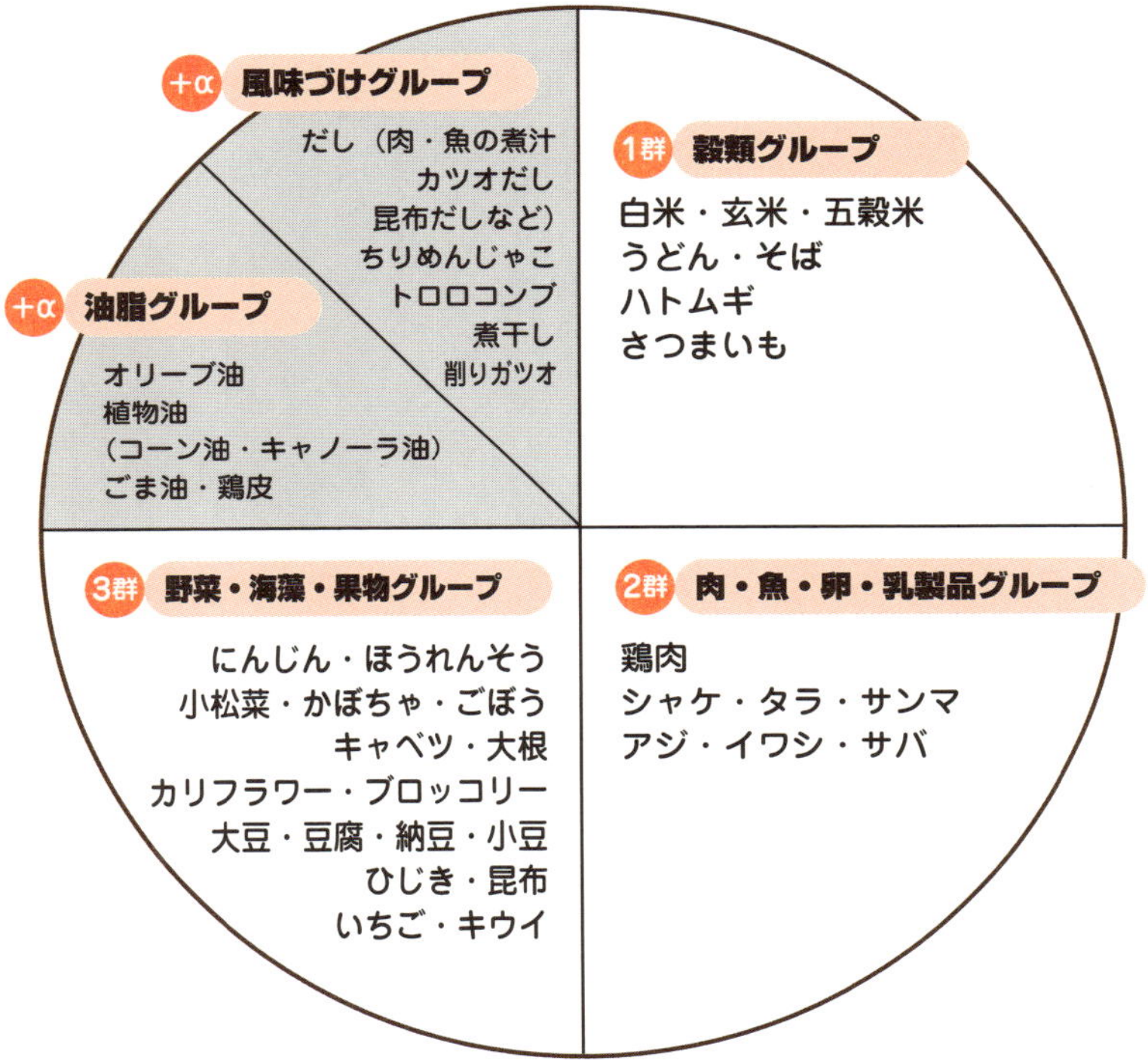

ひとことアドバイス

毎日の手作りごはんに抗酸化物質を積極的に取り入れて進行を遅らせてあげましょう。

白内障に効く 簡単レシピ例

Step1 鍋に水と昆布、煮干しを入れて火にかけ、だしをとる。

Step2 シャケ、にんじん、ブロッコリー、さつまいも、ひじきを一口大に切る。

Step3 1の鍋に2とごはんを加え、野菜がやわらかくなるまで煮る。

Step4 冷めた3をスープごと器によそう。
風味づけにティースプーン1杯ほどのごま油をかけて完成。

外耳炎

耳洗浄だけでなく体内環境の改善を

耳に細菌やカビが繁殖するのは排泄に問題があるからです。手作り食で体内環境を整えるところから始めてください。

症状

かゆがって、耳の後ろなどをひっかきます。その結果、耳が赤くはれ上がることもあります。耳から悪臭がしたり、ベトベトした黒い耳あかがたまります。

原因

排泄が十分にできないと、耳から老廃物などが出てきます。その分泌された耳あかに細菌やカビが繁殖して、より症状を悪化させていると考えられます。

動物病院での一般的治療方法

検査で病原体を確認して、それに合った抗生物質などのクリームなどを塗ります。また、洗浄液を用いて、耳をぬぐって消毒します。

Dr.須崎オススメのケア&食事法

耳を清潔に保つことも大切ですが、まずは耳の穴から老廃物が出てこないように排泄をきちんとさせましょう。水分の多い手作り食に切り替え、薄い色のオシッコが出るようになったかを確認してください。尿の色が濃いうちは、症状がまだ続くリスクが残っています。

耳のお手入れには、殺菌効果のある植物性エキスがおすすめです。たとえば、ショウガや大根をすりおろしたものをお湯に混ぜたり、緑茶を使うといいでしょう。耳の中にスポイトなどでエキスを入れ、ほぐした脱脂綿を詰めて耳の根元をもんだ後、脱脂綿で吸い取るようにしてから取り出します。すると、犬に与える刺激も少なく、手軽に耳そうじができます。

外耳炎に症状緩和・予防効果のある食材

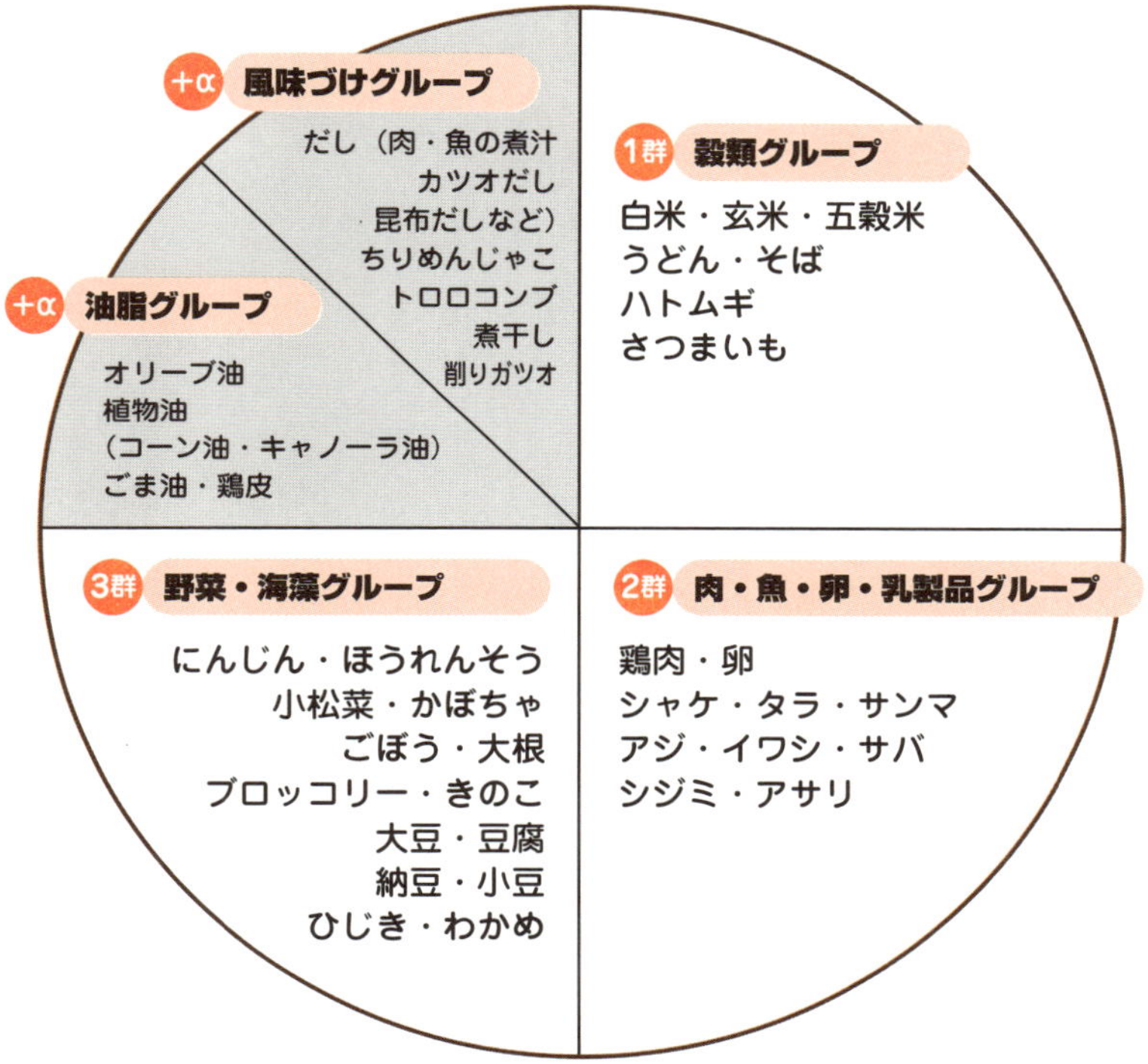

ひとことアドバイス

耳から老廃物が出る原因がなくなれば症状は落ち着くので、まず排泄を促進しましょう。

外耳炎に効く 簡単レシピ例

Step1 鍋に水と砂出ししたシジミを入れて火にかけ、だしをとる。

Step2 シャケ、大根、にんじん、ごぼうを一口大に切る。

Step3 1の鍋に2とごはんを加え、野菜がやわらかくなるまで煮込んだら、溶き卵を回しかける。冷めたらシジミの殻を外す。

Step4 3をスープごと器によそい、風味づけに少量のごま油をかけて完成。

ノミ・ダニ・外部寄生虫

ニンニクやハーブも駆虫に有効

ノミやダニを退治する薬が体質的に合わない犬もいます。そんなときは、食べ物やハーブで駆虫を試してみては。

症状

やたらかゆがるようになります。体をよく見ると、ノミやダニが確認できるはずです。寄生虫によっては、脱毛やフケなどの症状が出る場合もあります。

原因

ノミやダニが寄生して、皮膚に炎症が起こります。衛生面に問題があって体臭が強かったり、虚弱で免疫力が弱い犬ほど、寄生されやすくなります。

動物病院での一般的治療方法

駆虫薬を使ったり、薬浴して寄生虫を駆除します。駆虫薬は犬に害はないといわれていますが、使用後、体調不良を起こすなら用いない方がいいでしょう。

Dr.須崎オススメのケア&食事法

体臭が強く、ノミやダニに寄生されやすいのは、体の中に老廃物などがたまっているサインです。水分の多い手作り食で排泄を促しましょう。

ニンニクの香りには、虫よけの効果があります。すりおろして食事に混ぜるなどして、積極的に食べさせたいものです。ただし、ねぎ類に含まれるため、とり過ぎると貧血を起こす可能性もあります。目安として、体重4キロ以上の犬なら1日1片、4キロ以下なら2分の1片くらいを与えるといいでしょう。

また、ニームというハーブエキスの使用もおすすめです。犬には無害で安全なので、水で薄めて体全体にスプレーすれば、寄生虫の駆除に優れた効果を発揮します。

ノミ・ダニ・外部寄生虫に症状緩和・予防効果のある食材

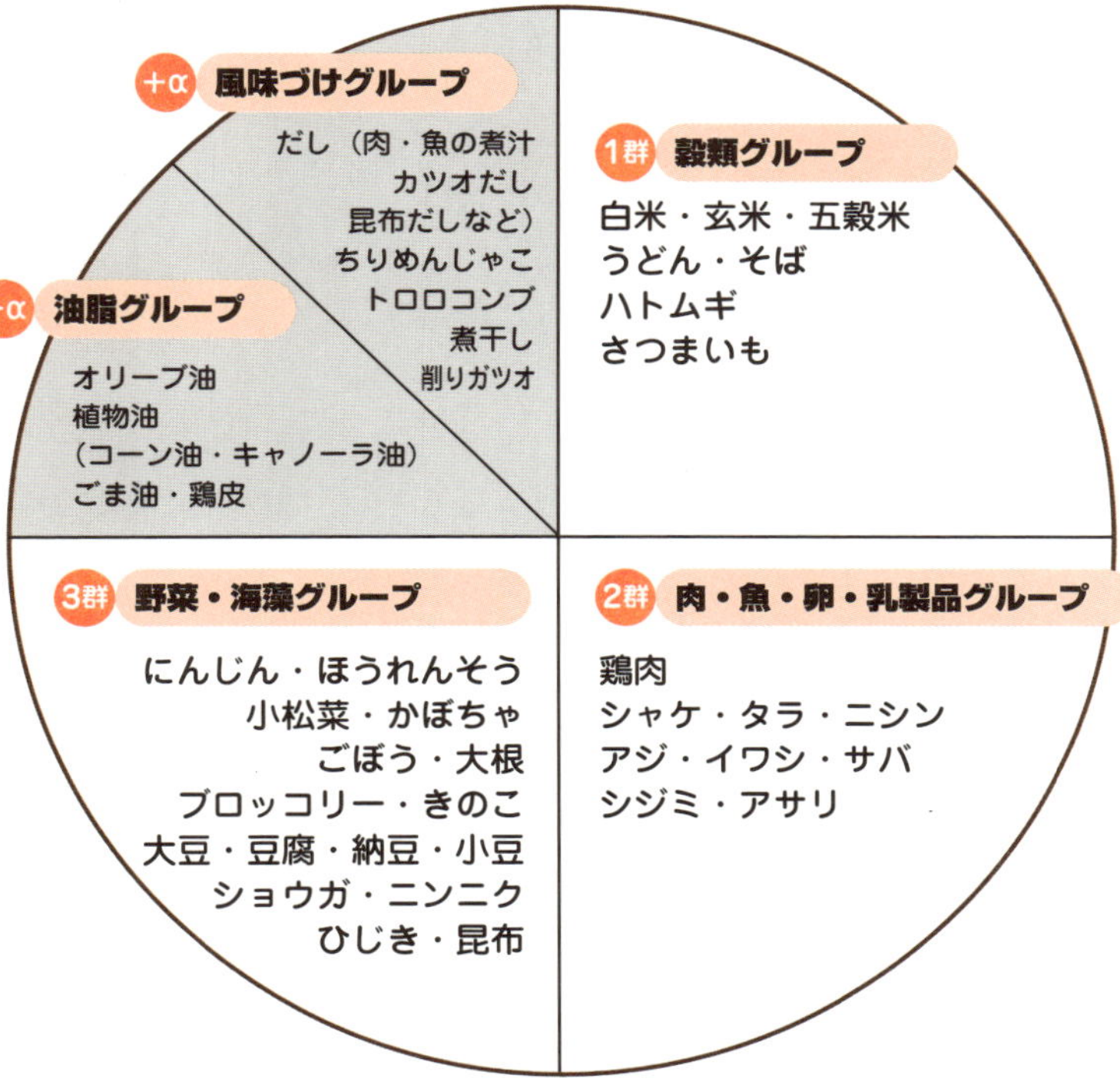

ひとことアドバイス

寄生されるのは体内に老廃物がたまっている
サインです。体の浄化を最優先してください。

ノミ・ダニ・外部寄生虫に効く 簡単レシピ例

Step1 鍋に水と昆布を入れて火にかけ、だしをとる。

Step2 鶏肉、大根、にんじん、ごぼう、ブロッコリーを一口大に切る。

Step3 1の鍋に2とごはんを加え、野菜がやわらかくなるまで煮る。

Step4 火を止めたらすりおろしたニンニクを加え、混ぜる。

Step5 冷めた3をスープごと器によそう。
風味づけにティースプーン1杯ほどのオリーブ油をかけて完成。

家庭でできる日常ケア

愛犬の健康状態を自宅でチェック

軽い症状はできるだけ家庭でケアしたいもの。体調管理にも役立つマッサージや湿布の方法を覚えておきましょう。

こんなときやってあげよう

- ヒジなどが硬く黒くなっている
- 元気がなく、不調な症状が出ている
- 慢性病の体調管理
- アレルギー性皮膚炎や感染症による、かゆみや痛みがある
- 遠出した後などで疲れている

状況を確認しよう

最近、「家庭でできることはできるだけ自分の手でケアしてあげたい」という飼い主さんが増えてきています。深刻な症状は別としても、毎日の観察の中で気づいたちょっとした症状については応急処置できるようになっておくべきでしょう。

こうした飼い主さんの気持ちを尊重し、応援させていただきたいと思います。病院まかせにしないで、自分から取り組む態度を示すことで犬は愛情を感じとり、体調が好転するというのもよくあることです。特に、慢性疾患の場合は飼い主さんの日常ケアがとても重要になります。

まず、63ページの表を参考にして状況の確認から始めましょう。愛犬に病気のシグナルが出ていないかを、チェックする習慣をつけたいものです。

ただ「人間と犬は違うから…」と、躊躇してしまう方も少なくないと思います。しかし、これまでの経験上、両者にそう大きく異なるところはありません。次の点に気をつけて、安心してケアしてあげてください。

スレ

大型犬や寝ている時間の長い犬は、ヒジなどがスレて硬く黒ずんでくる場合があります。硬くなる理由のひとつは血行不良ですから、第一に食事の水分量を増やすことが大切です。

次に、その硬くなった部分を保湿成分の入ったクリームを用いてマッサージしてください。症状がひどければ、マッサージ後、上からワセリンを塗り、包帯などを巻くといいでしょう。

なお、寝たきりの老犬など、いつも同じ部分を下にして寝ていると、体重で血管が圧迫されて、血流が滞ってしまいます。気がつくたびに、こまめに体位を変えてあげてください。

ショウガ湿布

皮膚炎などのかゆみや痛みに効果的なショウガ湿布の作り方をご紹介します。

まず、鍋に80℃程度のお湯を沸かします。その間によく洗ったショウガを皮ごとすりおろし、木綿袋などに入れて口をとじます。

鍋を火にかけたまま、袋をお湯に入れ、ショウガ汁を絞り出します。このとき、お湯を沸騰させないよう、火加減に注意してください。

次に、タオルの両端を持ち、ショウガ汁につけ、絞ります。この際、タオルが熱くなるので、両端をぬらさないように気をつけましょう。

タオルが肌に当ててもやけどしない温度になったことを確認して、患部に当てます。さらに、その上から保温用のバスタオルをかぶせます。

同様にして、今度はアツアツのタオルを2〜3枚重ねます。次に1枚目のタオルを抜きとり、2枚目を肌に当てます。

抜きとったタオルをショウガ汁につけ、絞り、3枚目の上にそれを重ねます。

この要領で、タオルが冷めたらそのつど取り替えて、犬の肌が赤くなるまで繰り返します。15〜30分程度、続けるといいでしょう。

このショウガ汁は耳のお手入れにも使えます。タオルをつける前のものを保存しておくことをおすすめします。

マッサージ

犬も人間もお互い心地よい状態にあることが、家庭で行なうマッサージの大前提になります。そのためには、まず飼い主さん自身が十分にリラックスすることです。最初から意気込んで「心地よくしてあげよう！」などと考える必要は全くありません。

飼い主さんが心にゆとりを持って、犬に触れてあげることが一番大切です。ときには、音楽などを流しながら、マッサージするのもいいでしょう。

マッサージの基本は、外側から中心へ向かって皮膚をこすること。たとえば、足先から足の付け根に向かって触れるのです。頭や首に始まり肩、胸、おなか、しっぽまで全身をやさしくソフトタッチでなでてあげてください。

背骨の両脇は、特に犬が気持ちよく感じるポイントです。首の後ろからお尻にかけてなでていきます。じっくりともみほぐしたり、指先で小さな円を描くようにしたり、ストローク（手の動かし方）にも工夫したいものです。

マッサージに慣れると、犬の方から心地よいところを催促してくるので、どこを触ってほしいのかはだんだんわかってきます。犬種や犬の性格によっても、感じる部分はそれぞれ違うもの。愛犬の反応をよく確かめながら、マッサージを通して触れ合いを楽しみましょう。

ストレス緩和

強いストレスは免疫細胞のリンパ球の活性を低下させ、抵抗力が弱くなります。その結果、病気にかかりやすく、治りにくいといった結果につながります。ストレスを緩和するためにも、日頃から十分な運動をさせてあげることが大切です。

また、犬のストレスは飼い主さんの心配性が原因という場合も少なくありません。まずは、疑問をひとつひとつ解決していきましょう。それには自分で勉強するより、犬についていろいろと知っている友達を作ることがおすすめです。それぞれの意見を聞いた上で、何を選択するかを判断するといいでしょう。

第3章

体に効く食べもの
栄養事典

ドッグフードに含まれる成分

もっとドッグフードをよく知ろう！

手作り食を始めようという人の多くはドッグフードに疑問を抱いているのでは。その実情を把握しておきましょう。

ドッグフードはインスタント食品

初めに断っておきたいのですが、ドッグフードは手軽で便利で保存性バツグン。忙しい飼い主さんにはありがたいものですし、フードと水だけで健康に生活して天寿をまっとうする犬もたくさんいるということを理解していただきたいと思います。

ただ、フードが合わない犬がいるというのも事実です。中には、ペットフードはすべて悪であるかのような主張をする方もいますが、そこまでヒートアップすることもないのではというのが私の基本的なスタンスです。

いわば、フードはインスタント食品のようなもの。私たちも、日頃から食べているでしょう。でも、毎日食べ続けたいかといわれるとそうでもないし、安全性の面で不安があります。

同様にドッグフードに対しても材料は何を使っているのか、添加物は大丈夫なのかと疑問を抱くのも当然のことでしょう。だからこそ今、飼い主さんたちがフード以外の選択肢を探し始めているのだと思います。

にもかかわらず、手作り食が一般に普及しないのは間違った情報を流されているから。「人と同じものを食べさせてはいけない」とか「塩分の多い食べ物は犬に危険」といったウワサを誰もが信じ込んでいるようです。

でも、ひと昔前の犬はみそ汁かけごはんで十分健康に生活していました。だから、寿命が短かったという説もありますが、その原因の大半は感染症対策の不備によるものと考えられます。最近では犬の寿命は確かに長くなりましたが、一方で生活習慣病が急増しているという現状も認識しておくべきでしょう。

お母さんの手作りごはんが元気の源

昔から犬を飼っていた、とある家庭ではいつも食事の残り物を与えてきました。ところが、最近になっていろいろと勉強したお嬢さんが「このドッグフードが一番いい」といい出して、フードに切り替えました。すると、犬は元気がなくなり、毛ヅヤも悪くなって、とうとう病気になってしまいました。

そこで当院にやってきて、私がアドバイスをすることになったわけです。手作り食をすすめると、「栄養バランスが」「塩分が」とお嬢さんからは判で押したような言葉が返ってきます。それを全部バサリと切って論破すると、彼女の隣に座っていたお母さんが「そうですよね～」とうなずいていました。

以上が、私のところを訪れる飼い主さんに定番の反応です。

犬にはドッグフードでなければと思い込んでいる方はもう一度、自分の食生活を見直してください。毎日、ファストフードだけで健康を保つ自信はありますか。ときどきは手作りのごはんを食べたくなりませんか。そう自問自答してみることです。

手作りの食事には、どんな材料を使っているかがわかる安心感があります。体の調子を崩しても、たぶんあれを食べたせいだなと思い当たります。その点、フードだと何が悪いのか見当もつかずにいつまでも不安が解消されません。この違いはとても大きなものではないでしょうか。

手作り食でデトックスライフを！

「手作り食は食材費がかかるから高くつく」という意見を耳にします。しかし、水をあまり飲まない子が乾燥した食事を食べ続けると体内に老廃物を蓄積し、結果的に医療費がかさむ場合が多く見受けられます。目先の安いドッグフードで後々高い医療費を払うより、自炊がお得ではないでしょうか？

ドッグフードのメリットとデメリット

ドッグフードはなぜ、こんなにも多くの飼い主さんに受け入れられるようになったのでしょう。メリット・デメリットを改めて考えてみたいと思います。

まず、メリットとしては…。

・価格が安い（100グラム当たり約13～150円）
・簡単便利（食事の準備に数秒程度しかかからない）
・腐りにくい
・面倒な栄養計算が不要
・必要な栄養が摂取できる

手軽なフードがあるからこそ、犬との生活を送れるという飼い主さんも多いはずです。

その半面、次のような疑問の声も聞かれます。

・原料に何が使われているのか
・添加物に危険性はないのか
・これだけで本当に栄養が足りているのか

あとは、価格が安すぎて不安という意見も多いのです。たとえば、100グラム13円の食べ物はスーパーで探してもなかなか見つかりません。精肉でも100グラム50円以上するものなのに、加工してこの値段で利益が出るというのは納得いかなくて当然かもしれません。

ちなみに、ドッグフードは法律上では食品ではなく雑貨。法で定められた安全基準もありません。自主規制の世界ですからメーカーはポリシーを持って作っていると信じたいところですが、中にはそうでない人たちがいてもおかしくはないでしょう。

Dr.須﨑の ワンポイントアドバイス

当院ではオリジナルフードを製造していますが、作ってみて初めてわかったことがいくつかあります。

まず、人間用の食材を使うという当たり前のことが難しいのです。動物用フードというと露骨に嫌な顔をされ、原料を調達してもらえないのです。加工の段階では、添加物を使わない機械そのものを探し出すだけでも大変でした。こうした現状が、フードの実態を物語っているように感じました。

ドッグフードの成分は身近な食品で代用できる！

ドッグフードに含まれる成分は、私たちの身近にある食べ物ですべて置き換えられます。ただし、フードに含まれる特殊成分などは別ですが、そういう特別な食材は必要ないものと考えます。何も、森の奥に生えるきのこやハーブを食べさせなくてもいいでしょう。自然界では、犬は生活圏の中にある食べ物だけでまかなってきたのです。

加えて、犬は人間の食事の残り物を食べて家畜化されてきた動物なので適応能力があり、野菜や果物などいろいろなものを食べることができます。現に、昔の犬はそうやって残り物だけで元気に暮らしていました。

また、手作り食に踏み切れない飼い主さんには「犬は人間の何倍ものミネラルをとらなければならない」と気にする方が多いようですが、動物性食品より野菜や海藻に含まれる方が吸収効率が優れています。骨や肉にこだわる必要はないでしょう。必須アミノ酸の不足を心配する人も同じです。よほどベジタリアンに徹した生活でもしない限り、欠乏して悪影響が出るようなことはありません。

手作り食の原理は、とにかくシンプルで簡単。それを難しいと感じるようであれば、間違った情報を信じ込まされていると思った方がいいでしょう。

手作り食を実践している飼い主さんたちによると、犬も手作りの方が喜んでくれるという意見が圧倒的に多いです。

「今まで、ドライフードの音が聞こえると逃げ出すようにしていた愛犬が、私が台所に立ってごはんを作っていると、楽しそうにしっぽを振って待っていてくれる。手間はかかっても、その喜んでいる様子を見るとがんばれます」という声も届いています。

中には、人間の食事は作らなくても犬にだけは作ってあげるという方も。「これをきっかけに自分の食生活を見直しています」という意見もありました。

まず、便利だからと何も考えずにドッグフードを与えるのもいいですが、愛犬の体調をよく観察しながら今日の食事を決めるというのも悪くないのではないでしょうか。

ドッグフードの袋に記載された原材料を確認すると、サプリメントの集合体のような聞き慣れない成分がいっぱい並んでいる。一見難しく見えるこれらの成分を私たちの身近な食材に置き換えてみよう。

	【成分名】	【身近な食品および説明】	Dr.須崎流 【置き換え食材】
40	ユッカ抽出物	ユッカアラボレセンス・ユッカシンゲラ	納豆
41	ヨウ化カリウム	昆布	昆布
42	ヨウ素塩酸カルシウム ＜43とともにヨウ素源に使われる＞	昆布	昆布
43	ヨウ素酸カルシウム	昆布	昆布
44	リボフラビン	卵・肉などの動物性食品	卵
45	レシチン	大豆・卵黄	卵
46	亜セレン酸ナトリウム	セレン	イワシ
47	亜鉛蛋白	レバー	豚レバー
48	亜麻	亜麻（アマ科の植物）	ごぼう
49	亜麻仁ミール	亜麻の種子	ごぼう
50	塩化カリウム	にがり・岩塩	バナナ
51	塩化コリン	なす・さつまいも・豚肉・牛肉	牛レバー
52	塩酸グルコサミン	カニやエビの殻	山いも
53	塩酸ピリドキシン（ビタミンB_6製剤）	大豆・バナナ・シャケ・レバー	カツオ
54	魚油	青魚（アジ・サンマ・サバなど）	イワシ
55	枯草菌醗酵物	納豆（納豆菌は枯草菌の一種）	納豆
56	酵母醗酵物	アルコール・パン・チーズ	天然酵母パン
57	黒麹菌醗酵物	泡盛・黒麹酢	納豆
58	細粒ビートパルプ	食物繊維	ごぼう
59	酸化マンガン	マンガン	のり
60	酸化亜鉛	化合物で医薬品として利用される	小松菜
61	脂肪	油脂類・脂肪の多い肉（霜降り）・種実	鶏皮
62	醸造酵母	ビール	天然酵母パン
63	醸造用乾燥イースト	ビール	天然酵母パン
64	粗脂肪	油脂・畜肉	鶏皮
65	粗たんぱく質	畜肉・魚介類・卵・乳製品	鶏肉
66	粗灰分	野菜・海藻・大豆	納豆
67	第二リン酸カルシウム	あらゆる動植物（細胞に存在するため）	昆布
68	炭酸カルシウム	石灰石	卵の殻
69	炭酸コバルト	動物性食品	牛レバー
70	腸球菌醗酵物	納豆・みそ	納豆
71	鉄蛋白	赤身の肉	マグロ
72	天然香味料	植物精油・ムスク・シベット・カストリウム・アンバーグリース	不要
73	銅蛋白	牛レバー・シャコ・桜エビ・種実類	牛レバー
74	乳酸球菌醗酵物	ヨーグルト・漬物・みそ	納豆
75	米麹菌醗酵物	米のヌカなど＋食品発酵に有効な微生物	納豆
76	葉酸	ほうれんそう・小松菜などの葉野菜	小松菜
77	硫酸コンドロイチン ＜原材料はサメひれの軟骨など＞	関節の炎症を抑えるための薬	鶏皮
78	硫酸マンガン	乾燥剤・無機顔料に使用される	のり
79	硫酸亜鉛	顔料・防腐剤・点眼薬などに使用される	小松菜
80	硫酸鉄	鉄欠乏性貧血を予防するための薬	マグロ
81	硫酸銅	青色顔料・防腐剤・殺菌剤として添加される	不要

ドッグフードの成分を身近な食材に置き換えてみよう

	【成分名】	【身近な食品および説明】	Dr.須崎流 【置き換え食材】
1	DLメチオニン ＜DLは合成の意味＞	卵・肉・魚類	鶏肉
2	D-ビオチン	レバー・卵黄・大豆・バナナ	卵
3	L-アスコルビン酸ポリリン酸塩 ＜酸化防止剤として添加されるビタミンC＞	食品添加物	不要
4	L-カルニチン	羊肉をはじめとした赤身の肉	ラム肉
5	アシドフィルス菌醗酵物	ヨーグルト	ヨーグルト
6	アスコルビン酸	野菜・果物	ブロッコリー
7	アミノ酸キレート化マンガン	茶葉・種実・豆・穀物	のり
8	アミノ酸キレート化亜鉛	カキ・牛乳・玄米	小松菜
9	アミノ酸キレート化銅	牛レバー・ナッツ・きのこ	牛レバー
10	オメガ-3脂肪酸	亜麻仁油・菜種油・魚油	イワシ
11	オメガ-6脂肪酸	紅花油・ひまわり油・コーン油	コーン油
12	キレートミネラル（亜鉛、銅、マンガン、鉄）	亜鉛・銅・マンガン…**7～9**参照	小松菜、牛レバー、のり
		鉄…レバーなど肉類・海藻	牛肉
13	グルコサミン塩酸塩	甲殻類の外皮・山いも	山いも
14	タウリン	貝類	シジミ
15	チアミン	玄米（精白度の低い米）・豆類・豚肉	豚肉
16	チアミン硝酸塩	ビタミンB_1化合物で、合成されたもの	豚肉
17	ドコサヘキサエン酸（DHA）	青魚類	イワシ
18	トマト粗	トマト	トマト
19	ドライイースト	パン（食パンなどフカフカのパン）	自然発酵パン
20	ナイアシン	レバー・豆類・緑黄色野菜	牛レバー
21	ナチュラルフレーバー	植物精油・ムスク・シベット・カストリウム・アンバーグリース	不要
22	ニアシン ＜ナイアシン（niacin）のこと＞	レバー・豆類・緑黄色野菜	牛レバー
23	パントテン酸カルシウム	パントテン酸の不足を補うための薬	牛レバー
	パントテン酸	レバー・卵など多くの食品	牛レバー
24	ビオチン	レバー・大豆・バナナ	牛レバー
25	ビタミンAアセテート（ビタミンA酢酸）	ビタミンAを化学処理したもの	牛レバー
26	ビタミンA酢酸塩	**25**と同様	牛レバー
27	ビタミンB_{12}	肉類・魚介類・卵	牛レバー
28	ビタミンB_{12}増補剤	肉類・魚介類・卵	牛レバー
29	ビタミンD_3（活性型ビタミンD）	イワシ・カツオ・マグロ・レバー・肝油	シャケ
30	ビタミンD_3増補剤	イワシ・カツオ・マグロ・レバー・肝油	シャケ
31	ビタミンE	油脂類・種実類・かぼちゃ	かぼちゃ
32	ビタミンE増補剤	油脂類・種実類・かぼちゃ	かぼちゃ
33	ピリドキシン塩酸塩 ＜ビタミンB_6＞	肉・魚介類・バナナ・卵・さつまいも	シャケ
34	ヘキセメタリン酸ナトリウム	食品添加物	不要
35	マンガン蛋白	植物性食品・水	のり
36	マンナンオリゴ糖（プレバイオティック）	酵母・きのこ類	ごぼう
37	メナジオン重亜硫酸ナトリウム（活性型ビタミンK源）	シャケ・納豆	納豆
38	メンハーデンフィッシュミール	メンハーデンという魚	イワシ
39	ユッカエキス	ユッカの茎	納豆

1群　**2群**　3群　油脂　風味づけ

アミノ酸バランスの優れた理想的たんぱく源

鶏卵

【主な栄養素】

たんぱく質・ビタミンA・ビタミンB_2・ビタミンD
ビタミンK・鉄・カルシウム・リン

【栄養効果】

生活習慣病予防、老化の防止、コレステロール低下
スタミナを強化

栄養と効能について

食品から摂取しなければならない必須アミノ酸をすべて含むパーフェクトなたんぱく源です。特にメチオニンが豊富で、肝機能障害の改善や体力増強、病後の回復などに役立ちます。

また、ビタミン類やミネラルもバランスよく含んでいます。中でも、ビタミンAは皮膚や粘膜を保護して、免疫力を高めてくれます。

なお、鶏卵の白身に含まれるアビジンという成分はビタミンの吸収を阻害するので、大量に摂取すると皮膚病などを引き起こす可能性もあります。ただし、加熱すれば全く問題はなくなります。

Dr.須﨑の この食材は こんな子にオススメ！

老犬をはじめ肝臓病、腎臓病、糖尿病、ガンなどの犬に有益です。

栄養価が高く優秀なたんぱく源となる食材なので、いろいろなケースに活用してください。ゆで卵を常備しておくのがおすすめ。細かく刻んでトッピングしたり、仕上げにちょっと加えるなど、手作りごはんにプラスアルファするのに最適です。

1群　**2群**　3群　油脂　風味づけ

丈夫な体作りに必須。活力を養いスタミナ増強

牛肉

【主な栄養素】

たんぱく質・脂質・ビタミンB_2・ビタミンB_6 ナイアシン・コリン・鉄・亜鉛・カリウム

【栄養効果】

成長の促進、生活習慣病予防 コレステロールを除去、貧血を改善

栄養と効能について

牛肉に多く含まれるたんぱく質は、骨や筋肉、血液などの主成分となります。丈夫な体作りのためにも、特に成長期にはしっかりと摂取したい食べ物のひとつです。

ビタミンB群が多いのも、牛肉の特徴です。B_2は成長を促進する他、動脈硬化や老化防止の働きがあります。B_6は健康な皮膚や歯を維持するのに役立ち、アレルギー症状の軽減にも有効です。コリンは動脈硬化を防ぎ、生活習慣病の予防にも効果が期待できます。

また、吸収率の高い鉄分が豊富なので、貧血や疲労回復にも効果的です。

Dr.須﨑の この食材は こんな子にオススメ！

鉄分が貧血の改善に有効で、豊富なコリンが糖尿病の予防にも役立ちます。甘みを持つ牛肉を好まない犬はいないでしょう。

ただし、脂肪分も多く含まれるので、とりすぎると血管の障害などの原因になります。肥満を防ぐためにも、与えるときはほどほどの量にしてください。低脂肪の赤身の部位を活用しましょう。

1群 **2群** 3群 油脂 風味づけ

肌や粘膜を健康に保ち、ダイエットにも最適

鶏肉

【主な栄養素】

たんぱく質・脂質・ビタミンA・ナイアシン
ビタミンB_1・ビタミンB_2・鉄・亜鉛・カリウム

【栄養効果】

動脈硬化予防、肝機能の強化
肥満防止、皮膚の健康維持

栄養と効能について

たんぱく質と脂質を主成分にビタミンA・B群や鉄、亜鉛なども含むヘルシーな肉です。淡泊な味わいとやわらかな肉質は、病後の滋養食としても最適です。

必須アミノ酸がバランスよく含まれ、特にメチオニンは豊富。肝臓に脂肪がたまるのを予防してくれる働きがあります。

肉類ではレバーに次いでビタミンAが多く、皮膚や粘膜を健康に保つのに役立ちます。皮膚の老化を防ぐコラーゲンも含まれ、相乗効果が期待できます。

また、鶏肉の脂質には血中のコレステロールを減らしてくれるリノール酸やオイレン酸が多いのも特徴です。

Dr.須﨑の この食材は こんな子にオススメ!

鶏肉が他の肉と大きく違うのは、脂肪が皮に集中しているところ。皮を取り除けば、ダイエット中の犬にかっこうのたんぱく源になります。

逆に、皮膚疾患にかかっている犬にはコラーゲンが豊富な皮や骨を手作り食に取り入れてください。ビタミンAも多く含んでいるので粘膜の強化にも役立ち、免疫力アップにつながります。

1群　**2群**　3群　油脂　風味づけ

ビタミンB_1の働きで疲れをとり、体を活性化

豚肉

【主な栄養素】

たんぱく質・脂質・ビタミンB_1・ビタミンB_2
ビタミンB_6・ナイアシン・鉄・カリウム・亜鉛

【栄養効果】

疲労回復、体力増強、高血圧・動脈硬化予防
血行を促進、皮膚の健康維持

栄養と効能について

豚肉の栄養特性はビタミンB群が多いこと。とりわけ、疲労回復ビタミンと呼ばれるビタミンB_1を多量に含んでいます。B_1には、疲れのもととなる乳酸が体内に蓄積するのを防止する働きがあります。脳の中枢神経や末しょう神経の機能にも深く関わり、筋肉や神経の疲労を取り除いてくれます。

他にも、成長を促進するビタミンB_2や肌の健康を維持し、脂肪肝を防ぐB_6、血行をよくするナイアシンなどが豊富です。

さらに、ミネラル類としては貧血を予防する鉄や血圧の上昇を抑制するカリウムを多く含んでいます。

Dr.須﨑の　この食材はこんな子にオススメ！

ビタミンB_1の多い豚肉は、たっぷりと運動した後におすすめの食材。愛犬の疲れを取り除いてあげましょう。コラーゲンも豊富で、カルシウムの吸収を促進し、丈夫な骨を作るのに役立ちます。成長期の犬は積極的に摂取するといいでしょう。

ただ、豚肉には寄生虫がいる恐れがあるので加熱を十分にしてください。

1群 **2群** 3群 油脂 風味づけ

脂質少なめで高い栄養価。貧血改善にも効果大

レバー類

【主な栄養素】

たんぱく質・ビタミンA・ビタミンB_1・ビタミンB_2
ビタミンB_6・ビタミンK・鉄・亜鉛・葉酸

【栄養効果】

肝機能の強化、感染症の予防
疲労回復、精力増強、血行促進、貧血の改善

栄養と効能について

レバーや内臓肉はどれも、非常に栄養価の高い食べ物です。良質のたんぱく質をはじめとして、ビタミンAやビタミンB群、葉酸、鉄、亜鉛などを多く含み、なおかつ脂質が少ないという特徴があります。

中でも、ビタミンAは豊富で最適の供給源になります。ビタミンAは皮膚や目の健康維持に不可欠な栄養素。粘膜を強化して感染症を予防し、免疫力を高める効果が期待できます。

また、レバーの貧血を改善する働きは広く知られています。鉄の他に、葉酸など造血に必要なビタミン類を豊富に含んでいるからです。

Dr.須崎の　この食材はこんな子にオススメ！

レバーの香りを好む犬は多いので、食欲が落ちているときの風味づけなどに上手に活用してください。

ビタミンAを豊富に含むため、過剰症を心配する飼い主さんも多いのですが、よほど大量に毎日食べない限り、問題はありません。それでも、気になるようでしたら、含有量は鶏、豚、牛の順に多いので、鶏よりは牛のレバーと覚えておくといいでしょう。

1群　**2群**　3群　油脂　風味づけ

代謝を上げて体を温め、ダイエットにも効果的

羊肉

【主な栄養素】

**たんぱく質・ビタミンA・ビタミンB_1・ビタミンB_2
ビタミンD・ナイアシン・鉄・カルノシン**

【栄養効果】

**健胃、整腸、滋養強壮
貧血・冷え症の改善、皮膚の健康維持**

栄養と効能について

良質なたんぱく質を主成分とした羊肉は、他の肉に比べると脂質が少なめで消化しやすいのが特徴です。ビタミンB群やナイアシン、鉄などを豊富に含んでいます。

ビタミンB群は代謝を促進して、体や脳にエネルギーを供給する重要な働きがあります。ナイアシンには血行をよくして、皮膚の健康維持にも役立ちます。鉄は貧血を予防・改善する効果が期待できます。

また、最近では羊肉のダイエット効果が注目されています。アミノ酸の一種であるカルノシンを多く含み、脂肪燃焼に有効に働きかけるからです。

Dr.須﨑の この食材は こんな子にオススメ！

ビタミンB_2など脂肪燃焼に働きかける栄養素を多く含む羊肉は、ダイエット中の犬におすすめです。

抗酸化物質であるカルノシンは、血管の健康維持や糖尿病など生活習慣病予防にも効果を発揮します。代謝を促進して体を温める働きもあるので、冬場に老犬の体が冷たく感じられるときなど、ぜひ手作り食に取り入れてあげてください。

1群　**2群**　3群　油脂　風味づけ

肝臓の機能を向上させて、解毒作用をサポート

貝類

【主な栄養素】

たんぱく質・葉酸・ビタミンB_2・ビタミンB_{12}
カルシウム・鉄・タウリン・メチオニン・コハク酸

【栄養効果】

肝機能強化・改善、血行促進、動脈硬化予防
貧血防止、疲労回復、コレステロール低下

栄養と効能について

貝類には良質なたんぱく質をはじめとして、ビタミンB群や葉酸、カルシウム、鉄などが多く含まれています。

中でも、シジミは昔から肝臓病に効く食べ物として広く知られてきました。肝臓に有効なのは、アミノ酸のメチオニンやタウリンがその機能を強化する働きがあるからです。

アサリの成分はシジミとほとんど同じ。豊富なタウリンは血圧の上昇を抑え、動脈硬化の予防にも有益です。

また、貝類独特の旨味はコハク酸によるもの。コハク酸には血中のコレステロールの増加を抑制する効果もあります。

Dr.須崎の この食材は こんな子にオススメ！

貝類には肝臓の機能を強化して、解毒作用を高める成分がたくさん含まれています。肝臓が弱っていて体調不良のときや解毒中の犬は、積極的にアサリやシジミを毎日の食事に取り入れてください。

コハク酸は即効性のあるエネルギーとなり、疲労回復に役立ちます。運動した後には、貝の入ったスープなどを飲ませるのもおすすめです。

1群　**2群**　3群　油脂　風味づけ

DHAの働きで脳を活性化して、老化を防ぐ

アジ

【主な栄養素】

たんぱく質・ビタミンD・ビタミンB_2・ビタミンB_6
カリウム・カルシウム・DHA・EPA

【栄養効果】

老化防止、健脳、高血圧・動脈硬化予防
コレステロール除去、成長を促進

栄養と効能について

たんぱく質やビタミンB群、青背の魚に多いEPAやDHA、カリウムやカルシウムなどのミネラル類を豊富に含んでいます。

とりわけ、DHAとEPAは注目の栄養素です。DHAは脳の機能を高めて神経組織を活性化し、老化を防止してくれます。血中の善玉コレステロールを増やす働きもあります。EPAは血栓を溶かして、血流をスムーズにしてくれます。血管障害や動脈硬化の予防に有効です。

また、丈夫な骨を作るカルシウムやその吸収を高めるビタミンD、発育を促進するビタミンB_2なども多く含んでいるので、成長期にも役立てたい食材です。

Dr.須﨑の　この食材は　こんな子にオススメ！

EPAやDHAが豊富な青魚は血行をよくし、アレルギーの症状を改善してくれます。毎日の手作り食に積極的に取り入れたい食材です。でも、「うちの子は魚嫌いで…」という方、まずアジを試してみてください。アジにはグルタミン酸などの旨味成分がたっぷり含まれています。そのため、魚が苦手でもアジだけは喜んで食べるという犬も多いのです。

1群　**2群**　3群　油脂　風味づけ

EPAで血行をよくして、生活習慣病を予防

イワシ

【主な栄養素】

たんぱく質・ビタミンD・ビタミンB_2・ビタミンB_6
鉄・カルシウム・DHA・EPA

【栄養効果】

血栓予防、動脈硬化予防、脳の活性化、老化防止
骨や歯の強化、皮膚の健康維持

栄養と効能について

良質のたんぱく質をはじめとして、骨や歯を丈夫にするカルシウムやその吸収率を上げるビタミンDを豊富に含んでいます。成長期には、ぜひとも積極的にとりたい食材のひとつです。

魚介類の中でも、特にEPAの含有量が多いのも特徴です。EPAは血液をサラサラにする働きがあり、血栓予防や高血圧の改善が期待できます。生活習慣病を防ぎ、ガンを抑制する効果があるともいわれています。

また、ビタミンB群も豊富です。健やかな肌を維持するために欠かせないビタミンB_2や代謝を高めて疲労回復に役立つB_1、B_6も含まれています。

Dr.須崎の　この食材は こんな子にオススメ！

イワシペプチドという血圧上昇を抑制する成分が含まれるイワシは、心臓や腎臓に負担がかかる犬に有益な食材です。血液の状態もよくしてくれるので、健康維持のためにも積極的に摂取しましょう。

ただ、イワシの苦みが嫌いな犬もけっこういるものです。そんなときはつみれやハンバーグにするなど、食べやすいようにひと工夫してあげてください。

1群　**2群**　3群　油脂　風味づけ

健康で丈夫な体作りに欠かせない栄養素が豊富

カツオ

【主な栄養素】

たんぱく質・ビタミンD・ビタミンB_1・ビタミンB_{12}
ナイアシン・鉄・カリウム・DHA・EPA

【栄養効果】

疲労回復、スタミナ強化、血行促進、動脈硬化予防
骨や歯の強化、貧血予防・改善

栄養と効能について

春の初ガツオ、秋の戻りガツオと季節感を届けてくれるカツオは、健康増進に役立つ栄養素も豊富。春獲りのものは本マグロに次ぐ、多くのたんぱく質を含んでいます。体そのものを作るために欠かせない栄養素なので、成長期には特にしっかりと摂取を心がけましょう。

ビタミンB群も多く、ナイアシン含有量は魚の中ではトップクラス。ナイアシンは血液循環を促し、代謝を高める働きがあります。ビタミンB_6はたんぱく質の合成に不可欠。B_{12}は貧血を改善する効果があります。

また、カルシウムの吸収を促進するビタミンDも豊富です。

Dr.須崎の　この食材はこんな子にオススメ！

ビタミンB群の多いカツオは、運動した後などの疲労回復に役立ちます。体内の糖質のエネルギー変換を促進する働きもあるので、ダイエット中の犬にもおすすめ。糖尿病対策にも有益です。

カルシウムの吸収効率を上げるビタミンDも豊富なので、丈夫な骨や歯を作るためにも手作り食に活用したい食材です。

1群　**2群**　3群　油脂　風味づけ

強力な抗酸化作用で生活習慣病やガンを予防

シャケ

【主な栄養素】

たんぱく質・ビタミンB_1・ビタミンB_6・ビタミンB_{12}
ビタミンD・ビタミンE・DHA・EPA

【栄養効果】

生活習慣病・ガン予防、血行促進、動脈硬化予防
骨や歯を強化、疲労回復、成長促進

栄養と効能について

赤身のように思われがちですが、実はシャケは白身魚。あの赤い色はアスタキサンチンというカロテノイドの影響です。強い抗酸化作用で、ガンを抑制する働きが認められています。

良質なたんぱく質をはじめ、ビタミンB群、D、Eも多く含んでいます。B群は主に成長を促進し、疲労回復にも効果を発揮します。ビタミンDはカルシウムの吸収を助け、丈夫な骨や歯を作ってくれます。ビタミンEは血行をよくし、老化防止効果があります。

また、血液をサラサラにしてくれるEPAや脳細胞を活性化するDHAも豊富に含みます。

Dr.須﨑の この食材は こんな子にオススメ！

強力な抗酸化物質であるアスタキサンチンを含むシャケは、白内障や胃かいようの犬におすすめ。ガンの予防や老化防止効果もあります。

シャケは苦みがなく淡泊な味わいのため、たいていの犬は好んで食べます。比較的安価で手軽に使える食材でもありますので、毎日の手作り食に積極的に取り入れてください。

1群　**2群**　3群　油脂　風味づけ

ダイエットに最適の低脂肪。ガン抑制にも有効

タラ

【主な栄養素】

たんぱく質・ビタミンA・ビタミンB_1・ビタミンB_2
ビタミンD・ビタミンE・カリウム・グルタチオン

【栄養効果】

肥満防止、血行促進、肝機能の改善・強化
骨や歯の強化、ガン抑制

栄養と効能について

主成分のたんぱく質をはじめ、魚にしてはビタミンやミネラル類もやや少なめ。でも、脂質が非常に少なく、低カロリーなので、糖尿病などでカロリーを制限しているときには最適の食材になります。

突出した量ではありませんが、比較的多いのはビタミンDとカリウムです。ビタミンDは体内でカルシウムの吸収を助け、骨や歯を丈夫にしてくれます。カリウムはナトリウムを排出して、血圧の上昇を抑制する働きがあります。

また、抗酸化作用が認められるアミノ酸の一種、グルタチオンも含まれています。

Dr.須﨑の　この食材はこんな子にオススメ！

脂肪分の少ないタラはダイエット食におすすめの食材です。身がやわらかく消化・吸収しやすいので、離乳食や犬の胃腸が弱っているときにも便利に使えます。食欲がない場合は、すり身でつみれを作ってあげてもいいでしょう。

抗酸化物質のグルタチオンが含まれているので、ガンやアレルギーの犬、老犬にも適しています。

1群　**2群**　3群　油脂　風味づけ

たんぱく質がたっぷり。DHA・EPAも豊富

マグロ

【主な栄養素】

たんぱく質・ビタミンB_6・ビタミンD・ビタミンE
ナイアシン・鉄・DHA・EPA

【栄養効果】

老化防止、健脳・血行促進、動脈硬化予防
心臓病予防、ガン抑制、スタミナ増強

栄養と効能について

種類や部位によってマグロの栄養成分は異なりますが、共通していえるのは良質なたんぱく質が含まれていることです。

特に赤身は26%がたんぱく質で、他の部位と比べて低カロリー。セレンという抗酸化物質を含み、発ガンを抑制し、老化防止にも役立ちます。丈夫な体作りのためにも、毎日の食事に取り入れたいものです。

トロの部分には、DHAやEPA、ビタミンD、Eなどが豊富に含まれています。DHAは脳の機能を高め、動脈硬化を予防・改善する効果もあります。EPAは血液をサラサラにして、血栓を溶かしてくれます。

Dr.須﨑の　この食材は こんな子にオススメ！

セレンというミネラルが豊富なマグロは、その強い抗酸化作用でガン抑制やアレルギーの改善、老化防止などに働きかけます。

マグロの赤身の部位を焼いて乾燥させておくと、おやつに使えて便利です。何か上手にできたときのごほうびに与えてみたり、しつけの道具として活用するといいでしょう。

1群　**2群**　3群　油脂　風味づけ

精神安定に働くカルシウムの効率的な供給源

煮干し・小魚

【主な栄養素】

ビタミンB_1・ビタミンB_2・ビタミンD・ビタミンE
カルシウム・鉄・亜鉛・DHA・EPA

【栄養効果】

骨・歯の強化、精神安定、ストレス解消
脳血栓・動脈硬化予防、成長の促進

栄養と効能について

煮干しの原料は、主にマイワシやカタクチイワシです。そのため、代表的な栄養素であるカルシウムをはじめ、豊富なビタミンやミネラルを含んでいます。

そのカルシウムの含有量は、牛乳の約20倍。いろいろな食べ物の中でも、群を抜いています。カルシウムといえば、骨や歯を丈夫にする働きがよく知られていますが、他にもストレスを和らげて精神を安定させたり、神経の情報伝達にも重要な役割を果たしています。

また、小魚類にはカルシウムの吸収を促進するビタミンDも多く含まれるので、効率のよいカルシウム源になります。

Dr.須﨑の　この食材は こんな子にオススメ！

カルシウムの供給源として、煮干しや小魚はぴったり。毎日の手作り食にたっぷりと使いましょう。

ダイエット食であれこれ悩んでいるなら、成功率の高い煮干しのスープかけごはんがおすすめ。ビタミンB群を多く含むため、新陳代謝がよくなり、糖質や脂質の利用を促進してくれるからです。とにかく、一度試してみてください。

1群 2群 **3群** 油脂 風味づけ

豊富な抗酸化ビタミンの相乗効果でガンを撃退

かぼちゃ

【主な栄養素】

ビタミンA・ビタミンB_1・ビタミンB_2・ビタミンB_6
ビタミンC・ビタミンE・食物繊維・セレン

【栄養効果】

ガン抑制、老化防止、皮膚の健康維持
感染症対策、糖尿病予防・改善

栄養と効能について

緑黄色野菜のかぼちゃには、β-カロテンをはじめ、活性酸素を除去する抗酸化ビタミンのCやEが豊富に含まれています。

β-カロテンは体内で必要とする量だけビタミンAに変わり、残りは蓄積されて、発ガンを抑制したり、老化を防止してくれます。ビタミンCには、β-カロテンと一緒に発ガン物質の合成を防ぐ働きがあります。ビタミンEは強い抗酸化作用を持つだけでなく、血液をサラサラにして生活習慣病を予防します。

さらに、発ガン物質の体外への排出を促す食物繊維も多く、これらの相乗効果でガン撃退が期待できます。

Dr.須﨑の この食材は こんな子にオススメ!

β-カロテンやビタミンC、Eなど、皮膚や粘膜の保護に役立つ成分をたくさん含むかぼちゃは、皮膚病の犬はもちろん、免疫力を向上させウイルスに負けない体を作るのに有益です。一口大に切ってゆでて与えると、おやつとしても手軽に利用できます。

甘みの多い野菜ですが、糖尿病対策にも効果的。ビタミンB_1が糖の代謝に働きかけてくれます。

1群　2群　**3群**　油脂　風味づけ

ビタミンCで免疫力強化。抗ストレスにも有効

カリフラワー

【主な栄養素】

ビタミンA・ビタミンB_1・ビタミンB_2・ビタミンC
ビタミンK・ビタミンU・葉酸・食物繊維

【栄養効果】

ガン予防、老化防止・便秘解消、整腸
精神安定、抗ストレス、皮膚・骨の健康維持

栄養と効能について

カリフラワーとブロッコリーはもともと同じ系統から誕生しているので、栄養面でも共通する部分がたくさんあります。

両方に共通して特徴的なのは、ビタミンCが豊富に含まれること。含有量を比較すればブロッコリーの方が多いのですが、ゆでるとほぼ同じ量になります。つまり、カリフラワーのビタミンCは熱に強く、火を通しても損失が少ないのです。

ビタミンCには、皮膚や筋肉の組織を結合するコラーゲンの生成を促す働きがあり、肌や骨の健康のために欠かせません。また、免疫力を高めたり、抗ストレスにも効果的です。

Dr.須崎の　この食材はこんな子にオススメ！

抗ガン作用のある栄養素を多く含むカリフラワーは、毎日の食事に積極的に取り入れたい食材です。

とりわけ、豊富なビタミンCは加熱しても失われにくいという特徴があります。皮膚の健康に働きかけるので、皮膚病の犬に有益です。愛犬のストレスがたまっているなと感じたときにも、ゆでたものを手作り食にプラスしてあげてください。

1群　2群　**3群**　油脂　風味づけ

特有成分のビタミンUが胃腸障害に効果を発揮

キャベツ

【主な栄養素】

ビタミンC・ビタミンK・ビタミンU・葉酸
カルシウム・カリウム・食物繊維・フラボノイド

【栄養効果】

抗かいよう、健胃・便秘解消、整腸
ガン予防、皮膚・骨の健康維持

栄養と効能について

ビタミン類を多く含むキャベツですが、中でも特有のものがビタミンUとビタミンKです。ビタミンUは別名キャベジンともいい、キャベツから発見されたため、この名前がつきました。傷ついた胃粘膜の新陳代謝を活発にして、修復する作用があります。胃炎や十二指腸かいようなどの改善に役立ちます。

ビタミンKは丈夫な骨作りに欠かせない栄養素。出血時に、血液をかためる働きもあります。

他にも、ビタミンCをはじめとして、抗酸化作用を持つフラボノイドやペルオキシターゼなど発ガンを防止する成分が豊富に含まれています。

Dr.須﨑の　この食材はこんな子にオススメ！

キャベツの特徴的な栄養素であるビタミンUには胃粘膜を強化する働きがあります。胃炎や胃かいようのある犬には、強くおすすめできる野菜です。

このビタミンUは葉より芯の部分に多く含まれているので、捨てずに利用してください。軽く火を通したり、細かく刻んで食べやすくしてあげるといいでしょう。

1群　2群　**3群**　油脂　風味づけ

豊富な食物繊維で排泄を促し、生活習慣病を防ぐ

ごぼう

【主な栄養素】

葉酸・亜鉛・鉄・マグネシウム
銅・カルシウム・セレン・食物繊維

【栄養効果】

生活習慣病予防・便秘解消、整腸
ガン抑制・予防、腎機能強化、解毒促進

栄養と効能について

独特の歯ごたえで、繊維の多い野菜の代表ともいえるごぼう。食物繊維は腸内の老廃物の排泄を促し、便秘を解消してくれます。同時にコレステロールや塩分を吸着・排泄して、高血圧予防にも効果的です。糖分の吸収抑制作用で血糖値が上がるのを防ぐため、糖尿病の予防にも効果が期待できます。

また、水溶性の食物繊維であるイヌリンが腎臓の機能を強化して、利尿を促してくれます。体内の解毒作用を高めるためにも有益です。

さらに、ごぼうには亜鉛や銅、セレンなども多く、ミネラル補給にも役立ちます。

Dr.須﨑の　この食材はこんな子にオススメ！

食物繊維の多いごぼうは血糖値の上昇を抑えたり、腎機能を高める働きがあるので、糖尿病や腎臓病の犬におすすめです。また、腸内の老廃物を排泄して、便通をよくしてくれます。解毒という観点からも、毎日の手作り食に取り入れたいものです。

繊維は消化できなくても胃腸に負担をかけませんが、細かく刻んでよく煮てから与えてください。

ミネラル豊富で栄養価の高い緑黄色野菜の代表

小松菜

【主な栄養素】

ビタミンA・ビタミンC・葉酸・カルシウム
鉄・カリウム・亜鉛・銅・リン

【栄養効果】

皮膚・骨の健康維持、ガン抑制、動脈硬化予防
血行促進、貧血の改善、腎機能の強化、解毒促進

栄養と効能について

ビタミンもミネラルも豊富で、非常に栄養価の高い野菜です。特にカルシウムの含有量は際立っていて、ほうれんそうの3倍以上もあります。カルシウムは骨や歯を丈夫にし、ストレス緩和に働きかけます。

他にも、亜鉛やカリウム、鉄、銅、リンなど、いろいろなミネラル類を含みます。鉄や銅は貧血予防、カリウムは高血圧予防に効果を発揮します。

また、β-カロテンやビタミンCといった抗酸化力の強いビタミン類をたっぷりと含んでいます。免疫力を強化し、生活習慣病を予防したり、ガンに対する抑制力が期待されます。

Dr.須崎の　この食材はこんな子にオススメ！

肝臓の機能を高めて、解毒をしたいときには小松菜と覚えておいてください。β-カロテンが多く含まれているため、粘膜を保護して、免疫力をアップする効果もあります。整腸作用もあるので、日頃からたっぷりと食べさせたい野菜です。

また、細胞の生成に欠かせない亜鉛も豊富なので、愛犬がケガをしたときにもおすすめです。

1群　2群　3群　油脂　風味づけ

食物繊維で便秘解消。ガンや生活習慣病を予防

さつまいも

【主な栄養素】

**炭水化物・ビタミンB_1・ビタミンB_6・ビタミンC
ビタミンE・カリウム・食物繊維・ヤラピン**

【栄養効果】

**皮膚・骨の健康維持、精神安定、抗ストレス
ガン・生活習慣病予防、便秘解消、健胃、整腸**

栄養と効能について

主要なエネルギー源となる炭水化物をはじめ、ビタミンやミネラル類も多く含んでいます。

中でも、熱による損失の少ないビタミンCが豊富。ビタミンCには免疫力を強化したり、ストレスへの抵抗力を高める作用があり、健康な皮膚や骨作りに役立ちます。さらに、強い抗酸化力を持ち、同じ抗酸化ビタミンのEと一緒に働いて活性酸素の害を防いでくれます。

食物繊維も多く、便秘を改善し、コレステロールや塩分の吸収を抑えて、動脈硬化や生活習慣病を予防してくれます。また、ヤラピンという成分が胃粘膜を保護し、便通を促します。

Dr.須﨑の この食材は こんな子にオススメ！

加熱しても壊れにくいビタミンCを多く含んでいるので、たっぷりと摂取したいときはごはん代わりに使ってもいいでしょう。糖の代謝を促進するビタミンB群も豊富で、糖尿病の犬にもおすすめ。低カロリーで腹持ちがよく、ダイエットにも有益です。

また、ヤラピンという成分が胃壁の粘膜を保護してくれるため胃腸の弱い犬も安心して食べられます。

1群　2群　**3群**　油脂　風味づけ

酵素の働きで消化を助ける。葉の部分も栄養豊富

大根

【主な栄養素】

ビタミンA・ビタミンC・ビタミンE・葉酸
カルシウム・カリウム・食物繊維・ジアスターゼ

【栄養効果】

便秘解消、整腸、健胃・ガン予防、腎機能強化
皮膚・骨の健康維持、精神安定、抗ストレス

栄養と効能について

消化作用に優れた野菜で、胃腸の働きを整えてくれます。なぜなら、ジアスターゼなどの消化・吸収を助ける酵素を含んでいるからです。この消化酵素には解毒作用もあり、発ガン物質を排除するのにも役立ちます。

他にも、ビタミンCや食物繊維を豊富に含んでいるので、ガンを予防したり、便秘の解消にも有効です。

栄養的な面では、根の部分より、むしろ葉の方に注目です。カロテンやビタミンC、Eをはじめ、ミネラルも豊富。特に丈夫な体作りに欠かせないカルシウムを多く含んでいます。葉まで十分に活用しましょう。

Dr.須﨑の この食材は こんな子にオススメ！

消化酵素の多い大根は胃腸の弱っている犬やアレルギーの犬におすすめ。解毒作用のある成分も含まれているので、肝機能が低下しているときも積極的に与えましょう。ただし、酵素は熱に弱いので、大根おろしにするなど、生で食べさせることです。

大根の葉にはカルシウムが多いので、カルシウム供給源としても役立ててください。

1群　2群　**3群**　油脂　風味づけ

強い抗酸化力で老化を防止。ガン抑制に効果あり

トマト

【主な栄養素】

ビタミンA・ビタミンB_6・ビタミンC・ビタミンE
カリウム・食物繊維・クエン酸・リコピン

【栄養効果】

ガン抑制、老化防止、高血圧・動脈硬化予防
便秘解消、整腸、健胃・疲労回復、精神安定

栄養と効能について

ヘルシーな野菜の代表とされるトマト。低カロリーで、ビタミンやミネラル類をたっぷりと含んでいます。

中でも、もっとも注目されるのがトマトの赤い色素成分になっているリコピンです。リコピンには強い抗酸化力があり、免疫力を高め、ガンの抑制や老化防止に働きかけます。豊富な抗酸化ビタミンとの相乗効果も期待されます。

また、カリウムは血液中の塩分を排出して血圧を下げ、動脈硬化の予防に役立ちます。

さらに、クエン酸などによる酸味が胃液の分泌を促し、胃腸の調子を整えてくれます。

Dr.須﨑の この食材はこんな子にオススメ!

体調の優れない犬には、オールラウンドで効果が期待できる野菜です。豊富な抗酸化ビタミンや抗酸化物質リコピンの働きで、血液の状態をよくして、細胞の老化を防止してくれます。

トマトジュースはよく塩分が問題視されますが、それよりも殺菌による加熱が栄養面に影響します。できるだけ生のトマトを使った方がいいでしょう。

1群　2群　**3群**　油脂　風味づけ

強い抗酸化作用を持つ色素成分ナスニンに注目

なす

【主な栄養素】

**糖質・ビタミンB_1・ビタミンB_2・ビタミンB_6
葉酸・カリウム・食物繊維・ナスニン**

【栄養効果】

**動脈硬化・高血圧予防、生活習慣病・ガン予防
血行促進、利尿促進、夏バテ・のぼせの解消**

栄養と効能について

なすの90％以上は水分で、糖質や食物繊維、少量のビタミンやカリウムを含む他にはとりたてて栄養のない野菜と、長年思われてきました。

ところが、有効な物質が確認されました。それはナスニンと呼ばれる皮に含まれる色素成分です。ナスニンには強い抗酸化力があり、コレステロール値を下げて、動脈硬化を防ぎ、生活習慣病やガンを予防する効果が認められています。

漢方では、なすには体の熱を冷ましたり、血行を促進する働きがあり、利尿作用があるともいわれてきました。のぼせや高血圧予防にも役立ちます。

Dr.須崎の　この食材は こんな子にオススメ！

利尿作用のあるなすは、体内の排毒を促進してくれます。愛犬が発熱して、むくみが見られるときにも活用したい食材です。

また、黒焼きしたなすで歯みがきをすれば、歯周病対策になります。少量を炭の状態になるまでオーブントースターなどで焼き、歯ブラシにつけて口内ケアをしてあげてください。

1群　2群　**3群**　油脂　風味づけ

病原体への抵抗力をつけるβ-カロテンの宝庫

にんじん

【主な栄養素】

ビタミンA・ビタミンB_1・ビタミンB_2・ビタミンC
カリウム・鉄・カルシウム・食物繊維

【栄養効果】

ガン・生活習慣病予防、動脈硬化・高血圧予防
皮膚の健康維持、白内障予防、感染症対策

栄養と効能について

緑黄色野菜の代表格であるにんじんには、β・カロテンが非常に多く含まれています。

β・カロテンは小腸で必要な分だけビタミンAに変換され、残りは抗酸化作用を発揮して、活性酸素を抑制します。細胞の老化を防ぎ、ガンや生活習慣病を予防する働きがあります。

ビタミンAは粘膜や皮膚を健やかに保ち、免疫力を高めます。病原体の侵入を防いで、感染症対策に効果的です。目の健康維持にも不可欠の栄養素で、白内障予防に役立ちます。

また、豊富なカリウムが体内の過剰な塩分を排泄するので、高血圧予防にも有益です。

Dr.須﨑の この食材は こんな子にオススメ！

β-カロテンを多く含むにんじんは、粘膜を強化して免疫力を高めてくれます。目の健康を保つ働きもあり、白内障の予防にも有益です。

甘みや歯ごたえがあるため、にんじんを好む犬は多いもの。感染症にかかりやすい犬、中でもアレルギーでワクチンが打てないような犬には、毎日の手作り食に積極的に取り入れてあげましょう。

1群　2群　**3群**　油脂　風味づけ

ビタミンCをはじめ多様な成分で健康をサポート

ブロッコリー

【主な栄養素】

**ビタミンA・ビタミンB_2・ビタミンC・ビタミンE
ビタミンU・カリウム・カルシウム・食物繊維**

【栄養効果】

**ガン・生活習慣病予防、動脈硬化・高血圧予防
精神安定、抗ストレス、皮膚や骨の健康維持**

栄養と効能について

ビタミン、ミネラルをバランスよく豊富に含んだ栄養価の高い緑黄色野菜です。

中でも、ビタミンCの含有量はトップクラス。代表的な抗酸化ビタミンであるビタミンCは、活性酸素の害を防ぐ重要な役割を担っています。同時に体の免疫機能を強化し、ウイルスや病原体に対する抵抗力を高めてくれます。肌や骨の健康維持のためにも、必須の栄養素です。

この他にも、活性酸素の発生を抑制するβ-カロテンや活性酸素の解毒物質を活性化するスルフォラファンという成分も含まれます。抗ガンや生活習慣病予防への効果が期待されます。

Dr.須崎の この食材は こんな子にオススメ！

ビタミンCが豊富なブロッコリーは、皮膚の状態がよくないときにはたっぷりと食べさせたい野菜です。抗ガン作用を持つ成分も多く含まれているので、ガン予防にも利用してください。

ビタミンCの損失や酵素の破壊をできるだけ減らすためにも、ゆで過ぎは禁物です。さっと火を通して使うといいでしょう。

1群　2群　**3群**　油脂　風味づけ

多彩なビタミン・ミネラルが元気の源になる

ほうれんそう

【主な栄養素】

ビタミンA・ビタミンB_1・ビタミンB_2・ビタミンC
葉酸・カリウム・鉄・マンガン・カルシウム

【栄養効果】

貧血予防、血行促進、疲労回復、動脈硬化予防
ガン抑制、老化防止、白内障予防、感染症対策

栄養と効能について

古くから、元気のもとになる健康野菜として広く知られるほうれんそうには、ビタミンやミネラルがたっぷり含まれています。

中でも、注目されるのが鉄や葉酸など造血作用に役立つ成分が多いこと。鉄には血液中のヘモグロビンの合成を促す働きがあります。葉酸は赤血球の合成を助け、造血ビタミンとも呼ばれています。これらの効果で貧血を予防・改善してくれます。

また、鉄の吸収を助けるビタミンCなど、ビタミン類も豊富です。特にβ-カロテンは多く、活性酸素の除去に役立ちます。さらに免疫力を高め、感染症の予防にも有益です。

Dr.須﨑の この食材は こんな子にオススメ！

鉄の多いほうれんそうは、貧血ぎみの犬におすすめです。β-カロテンも豊富に含んでいるので、皮膚や粘膜を保護して、感染症対策にも役立ちます。

また、カルシウムも含んでいるので、骨や歯の健康維持やストレス解消にも効果を発揮します。特にアレルギーなどで動物性カルシウムがとれない犬には、意識的に食べさせてあげたいものです。

1群　2群　**3群**　油脂　風味づけ

胃腸をいたわり、疲れをとる。滋養強壮に効果的

山いも

【主な栄養素】

炭水化物・ビタミンB_1・ビタミンC・カリウム
食物繊維・ムチン・アミラーゼ・サポニン

【栄養効果】

疲労回復、スタミナ増強、生活習慣病予防
血行促進、高血圧予防、整腸、健胃

栄養と効能について

いも類の中で、唯一そのまま生で食べられるのが山いも。栄養分を損なうことなく、摂取できるのが何よりの魅力です。山いもは、でんぷん分解酵素アミラーゼを豊富に含んでいます。アミラーゼという酵素は消化を助けるだけでなく、新陳代謝を促して疲労回復に働きかけます。

カリウムが多いのも山いもの特徴です。カリウムは体内の余分なナトリウムの排出を促し、血圧の上昇を抑えて、生活習慣病を予防してくれます。

また、独特の粘りけはムチンという成分によるもの。ムチンは胃壁の粘膜を強化して、胃かいようの改善にも有効です。

Dr.須崎の この食材は こんな子にオススメ！

山いものヌルヌル成分には胃腸の粘膜を保護する働きがあり、胃が弱っているときや腸炎の改善に役立ちます。消化能力の低い犬にも、積極的に食べさせたい野菜です。

また、水溶性の繊維を多く含んでいるので、血糖値が上がるのを防ぎ、糖尿病の犬に有益です。肥満や生活習慣病を防ぐ効果も認められています。

1群　2群　**3群**　油脂　風味づけ

ノンカロリーで豊富な繊維。ガン予防にも有効

きのこ

【主な栄養素】

ビタミンB_1・ビタミンB_2・ビタミンD・葉酸
ナイアシン・カリウム・食物繊維・グルカン

【栄養効果】

ガン・生活習慣病予防、便秘・肥満解消
骨や歯の強化、精神安定、疲労回復、免疫力の増強

栄養と効能について

ほとんどノンカロリーのきのこは、ダイエットに最適の食べ物。食物繊維も豊富で便秘解消に役立つだけでなく、腸内の有害物質を排出するのを促して、生活習慣病を予防してくれます。

栄養素的には、ビタミンB群やビタミンDのもとになる成分を多く含みます。ビタミンB群は脂質や糖質の代謝を促し、疲労回復にも有益です。ビタミンDはカルシウムの吸収を助け、丈夫な骨作りに欠かせません。

また、きのこ類に含まれるグルカンという多糖類には、強い抗ガン作用があります。特に、まいたけはその含有量が多いことで知られています。

Dr.須﨑の　この食材はこんな子にオススメ！

きのこの重要な成分は水に溶ける部分に含まれるので、細かく刻み、グツグツと煮込んでその成分を煮出せば、免疫力を高めるエキスの溶け込んだスープができあがります。スープを大切に使って、手作りごはんにかけてあげるといいでしょう。

病原体などへの抵抗力が少ない子犬や低下してきた老犬には、特にしっかりと食べさせてください。

1群 2群 **3群** 油脂 風味づけ

利尿作用でむくみを改善。デトックス効果に注目

豆類

【主な栄養素】

たんぱく質・ビタミンB_1・ビタミンB_2・ナイアシン
カリウム・カルシウム・鉄・食物繊維・サポニン

【栄養効果】

動脈硬化・生活習慣病予防、便秘解消、整腸
疲労回復、スタミナ強化、腎臓病予防、むくみ解消

栄養と効能について

植物性たんぱく質をはじめ、ビタミンB群やミネラル、食物繊維を豊富に含んでいます。

ビタミンB群は糖質や脂質を変換してエネルギーに変え、代謝を促します。疲労を和らげたり、傷ついた細胞の修復や発育を促進する働きもあります。

食物繊維は体内の有害物質を排出したり、コレステロールの吸収を防ぎます。便秘の解消や動脈硬化予防に役立ちます。

また、豆の苦み成分になるサポニンには利尿作用があり、腎疾患などによるむくみを取り除いてくれます。さらに血液中のコレステロールを抑え、生活習慣病予防にも効果を発揮します。

Dr.須﨑の この食材は こんな子にオススメ!

豆は腎臓に形が似ていますが、利尿作用を持つものが多いので腎臓病の犬に有益です。たんぱく源として、積極的に活用してください。

排泄を促進すれば、デトックスにつながります。どの豆がいいのかと取り立てて選ばなくても、家庭にあるものでいいので、ふだんから手作り食に豆類を取り入れるといいでしょう。

1群　2群　**3群**　油脂　風味づけ

不足しがちなミネラル成分が豊富な「海の野菜」

海藻類

【主な栄養素】

ビタミンA・ビタミンB_1・ビタミンB_2・カルシウム
鉄・亜鉛・マグネシウム・ヨウ素・食物繊維

【栄養効果】

骨・歯の強化、貧血予防、抗ストレス
甲状腺腫障害の改善、便秘解消、整腸

栄養と効能について

ノンカロリー食品として知られる海藻は、「海の野菜」と呼ばれるほど栄養がたっぷり。とりわけ、不足しがちなミネラル分を大量に含んでいます。

カルシウムは丈夫な骨や歯を作り、精神安定にも働きかけます。成長期には、特に摂取したい栄養素です。

鉄は赤血球の中のヘモグロビンの材料になる成分です。造血作用があるので、貧血気味のときには欠かせません。

ヨウ素は甲状腺ホルモンの原料となり、脳の働きを助け、全身の基礎代謝を促進します。

また、食物繊維も豊富で便秘・整腸に役立ちます。

Dr.須﨑の この食材は こんな子にオススメ！

海藻に含まれるミネラルは吸収率が非常に高く、重要なミネラル源となります。免疫力を高めて感染症を予防するためにも、毎日の手作り食に取り入れたいものです。

海藻類はきのこと同様に消化しづらいので、できるだけ細かく刻んで使うのがポイント。海藻類はしっかりと煮出して、スープごと活用してください。

1群　2群　**3群**　油脂　風味づけ

有効成分を数多く含んだ理想的なたんぱく源

大豆製品

【主な栄養素】

たんぱく質・ビタミンB_1・ビタミンB_2・ビタミンE
カリウム・カルシウム・サポニン・イソフラボン

【栄養効果】

ガン・生活習慣病予防、老化・肥満防止
コレステロール低下、疲労回復、スタミナ増強

栄養と効能について

「畑の肉」と呼ばれる大豆は、その名のとおり、理想的なアミノ酸バランスを持ったたんぱく質を主成分としています。さらに、コレステロールを低下させる働きのあるリノール酸など、良質の脂質を含んだ高たんぱく・低カロリー食品です。

豆腐や油揚げなどの大豆製品の効能は、大豆とほぼ同じ。疲労回復に有効なビタミンB_1や強い抗酸化作用を持つビタミンEが豊富です。

加えて、体内で脂質の代謝を促進するサポニンやガン予防に効果が認められるイソフラボンなどの大豆特有の成分も数多く含んでいます。

Dr.須﨑の　この食材は　こんな子にオススメ!

アレルギーなどで肉以外のものからたんぱく質を摂取したいとき、積極的に大豆製品を手作り食に利用するといいでしょう。

豆腐は低カロリーのたんぱく源になるので、ダイエットから糖尿病、腎臓病の犬までおすすめです。また、納豆好きの犬はけっこう多いので、食欲がないときなどにぜひ試してみてください。

1群　2群　**3群**　油脂　風味づけ

凝縮された栄養素で生活習慣病やガンを撃退

種実類

【主な栄養素】

脂質・ビタミンB_1・ビタミンB_2・ビタミンE
カルシウム・鉄・カリウム・食物繊維

【栄養効果】

動脈硬化・生活習慣病予防、老化防止、ガン抑制
皮膚の健康維持、スタミナ増強、免疫力強化

栄養と効能について

アーモンドやピーナッツの主成分は脂質ですが、そのほとんどがリノール酸やオイレン酸などの不飽和脂肪酸です。体内の悪玉コレステロールを減らし、善玉コレステロールを増やしてくれるので、動脈硬化や血栓の予防に効果があります。

ビタミン類では、B群やEが豊富。ビタミンB群は糖質や脂質の代謝を上げて、利用をスムーズにし、体の機能を強化してくれます。ビタミンEは強い抗酸化作用で、細胞を若々しく保ち、ガンを予防します。

ただし、かなりの高カロリーですから、食べ過ぎないように注意しましょう。

Dr.須﨑の　この食材はこんな子にオススメ！

病気がちで虚弱な犬には、季節の果物の種の中身を食べさせてください。中国ではびわやあんず、アメリカではグレープフルーツの種などが感染症対策に有益なものとして使われています。

ただし、種の薄皮は毒素を含む場合があるので必ずむいてから中身だけを与えましょう。大量に食べさせるのも、下痢をする可能性があるので禁物です。

豊富なビタミンCの働きでガンや感染症を予防

果物類

【主な栄養素】

ビタミンC・ビタミンE・葉酸・カリウム
食物繊維・クエン酸・アントシアニン

【栄養効果】

動脈硬化・生活習慣病予防、ガン抑制、感染症対策
皮膚・骨の健康維持、精神安定、腎機能強化

栄養と効能について

いろいろな果物に共通して多い栄養素はビタミンCです。柑橘類を中心に、いちごやキウイにもたっぷりと含まれています。ビタミンCは強い抗酸化作用を持ち、活性酸素の除去に有効です。皮膚や骨の健康を保ち、感染症を防ぐ働きもあります。

カリウムが豊富な果物には、りんごやみかんが挙げられます。カリウムは、体内の塩分の排泄を促し、動脈硬化を予防します。利尿作用もあり、腎臓の働きをサポートしてくれます。

また、アントシアニンなど果物に多く含まれる強力な抗酸化物質、ポリフェノールが生活習慣病やガン予防に役立ちます。

Dr.須崎の この食材は こんな子にオススメ!

犬は果物の甘みが大好き。食欲がないときなどに食べさせるといいでしょう。利尿作用があるので、腎臓病の犬にも有益です。ただ、酸っぱい味は苦手な子が多いようです。どの果物を好むのか、いろいろなものを試してみてください。

また、果物ジュースを飲ませるのは体の浄化になります。週に一度くらいは作ってあげましょう。

1群　**2群**　3群　油脂　風味づけ

発酵させた消化吸収しやすいカルシウムを補給

乳製品

【主な栄養素】

たんぱく質・ビタミンA・ビタミンB_1・ビタミンB_2
ビタミンB_6・カルシウム・カリウム・リン

【栄養効果】

骨・歯の強化、精神安定、老化防止
動脈硬化予防、肝機能強化、便秘解消、整腸、健胃

栄養と効能について

チーズとヨーグルトは見た目も味も違いますが、同じ乳を原料とすることから含む栄養素は似ています。共通して多いのはカルシウムです。カルシウムには骨や歯を丈夫にしたり、精神を安定させる働きがあります。

牛乳やヤギの乳を発酵させてかためたチーズはカルシウムやたんぱく質が乳の時より増え、消化吸収されやすい状態になっています。強肝作用のあるメチオニンも豊富に含んでいます。

牛乳を乳酸菌で発酵させたヨーグルトもカルシウムやビタミンB_2が増加します。さらに乳酸菌が腸内の善玉菌を活性化するので、老化防止に有効です。

Dr.須﨑の この食材は こんな子にオススメ！

チーズの香りは、犬がとても好むものです。愛犬の食欲が落ちているときなど、風味づけとして利用するのをおすすめします。

ただし、乳製品にはアレルギーの問題があり、どの犬に対しても使えるものではありません。カルシウムの供給源としては乳製品だけに限らず、海藻などを活用するといいでしょう。

1群　2群　3群　油脂　風味づけ

白米の数倍の多彩な有効成分が胚芽に集中

玄米

【主な栄養素】

たんぱく質・炭水化物・ビタミンB_1・ビタミンB_2
ビタミンB_6・ビタミンE・鉄・亜鉛・食物繊維

【栄養効果】

動脈硬化予防、ガン抑制、老化防止
便秘解消、整腸・疲労回復、整腸を促進

栄養と効能について

米は胚芽と米粒の外側に栄養素が集中しています。したがって、これらを取り除いた胚乳だけの白米より玄米の方が栄養価は高くなります。ビタミンB群やビタミンEをはじめ、ミネラル類や食物繊維も白米に比べて格段に多く含まれています。

ビタミンB群には糖質の代謝を促してエネルギーに変換する働きがあり、疲労回復に効果を発揮します。ビタミンEは強い抗酸化作用で細胞の老化を抑制し、ガンを予防します。

こうした重要な栄養素を豊富に含むため、玄米を食べると体力がつき、虚弱体質の改善にも有効だといわれています。

Dr.須﨑の この食材は こんな子にオススメ!

玄米は白米より栄養素が豊富で、療養中の犬や元気がない犬などすべての犬に主食としておすすめしたいものです。ただ、消化しづらいので、じっくりと煮込んだり、細かくすりつぶして与えましょう。

また、農薬の影響などでかえって体に悪い成分を取り込んでしまう可能性も。玄米は信頼できるところから入手することを心がけてください。

1群 2群 3群 油脂 風味づけ

高い栄養価で体力を強化し、肝機能を増進

穀類

【主な栄養素】

**たんぱく質・炭水化物・ビタミンB_1・ビタミンB_2
ビタミンE・カリウム・鉄・亜鉛・マグネシウム**

【栄養効果】

**体力増強、疲労回復、肝機能の改善・強化
便秘解消、整腸・むくみ解消、解毒促進**

栄養と効能について

アワやキビ、ヒエなどの雑穀は高い栄養価があり、近年、健康食として見直されるようになりました。たんぱく質やビタミン、ミネラルをバランスよく含み、体力増強に役立ちます。

豊富なビタミンB群には、疲労を回復し、肝機能を高めたり、発育を促進する働きがあります。微量成分の亜鉛は糖質の代謝を高め、新陳代謝を増進させます。鉄は赤血球の主要な成分となり、貧血を予防します。

また、ハトムギには消炎、利尿、鎮痛などの作用があり、体内の水分や血液の流れをよくし、解毒を促してくれます。むくみの解消にも効果を発揮します。

Dr.須﨑の この食材は こんな子にオススメ！

ハトムギなどの雑穀類は体力アップに非常に有益な食材です。病気にかかりやすい虚弱な犬には、ぜひ手作り食に加えてあげてください。ビタミンやミネラルを補給することで、肝臓の機能の正常化に働きかけるため、肝臓病の犬にもおすすめです。

ただし、硬くて消化しづらいので、よく水にひたし、しっかりと加熱して炊くのが重要です。

1群　2群　3群　**油脂**　風味づけ

悪玉コレステロールを減らして、血管を健康に

植物性油

【主な栄養素】

ビタミンE・ビタミンK・カリウム・鉄
マグネシウム・リン・オイレン酸・リノール酸

【栄養効果】

動脈硬化・高血圧予防、コレステロール低下
便秘解消、整腸、健胃、皮膚の健康維持

栄養と効能について

エネルギー源となる油は主要成分である脂肪酸の種類によって働きが異なります。肉に多い飽和脂肪酸に対して、植物油は不飽和脂肪酸が主な成分。不飽和脂肪酸には、コレステロールを抑制する働きがあります。

さらに、不飽和脂肪酸は一価不飽和脂肪酸と多価不飽和脂肪酸に分かれます。もっとも健康によいとされるのが、一価不飽和脂肪酸であるオイレン酸です。

オイレン酸は植物油の中でも、オリーブ油やキャノーラ油に豊富。悪玉コレステロールを減らし、善玉コレステロールを増やしてくれるので、動脈硬化や高血圧の予防に効果的です。

Dr.須﨑の この食材は こんな子にオススメ!

愛犬の血管の健康が気になるときには、油は動物性のものでなくオリーブ油やごま油などの植物性油を使いましょう。血中コレステロールを減らす働きがあり、動脈硬化や心臓病などの予防に有益です。

ごま油の香りが苦手という犬には、エクストラバージンオリーブ油を使うと、喜んで食べてくれる場合も多いようです。

第4章

効き目で探す栄養素事典

犬に必要な栄養素

栄養の基本を再確認しよう

愛犬の食生活を見直すには、栄養素の基本を知っておきたいもの。どのような役割を果たしているのか確認しましょう。

5大栄養素プラス食物繊維が不可欠

- 糖質
- 脂質
- たんぱく質
- ビタミン
- ミネラル
- 食物繊維

動物の体は常に栄養を必要としています。栄養素は次の3つの重要な役割を果たしています。

まず、生命維持や活動のエネルギー源となります。次に、骨や筋肉、血液など体の組織を作ります。3番目には、ホルモンや酵素、免疫活性物質などを生成し、体の調子を整えます。

そのために、上記の5大栄養素は必須です。さらに、体内に余計な物質を吸収させせない働きをする食物繊維も欠かせません。

通常の食生活ならバランスの心配不要

さて、愛犬に手作り食を与えようにも、常に6つの栄養素を揃えなければならないとなると、難しく感じられるかもしれません。でも、これらは普通にいろいろなものを食べていれば、自然に摂取できる栄養素ばかり。あまり神経質になる必要はないでしょう。

たとえば肉だけ、魚だけというような極端な偏食をしない限り、栄養バランスが崩れて病気になるということはありえません。まず、飼い主さんにはその事実を確認して、安心していただきたいと思います。

ビタミン・ミネラルは手作り食で補給を

糖質・脂質・たんぱく質に関しては、ごく一部を除いて、大半は体内で合成できます。一方、ビタミンとミネラルについては、食事でまかなわなければなりません。

犬はビタミンCを体内で合成できるので摂取しなくていいとする説もありますが、必要量を十分に作れるかといえば疑問が残ります。ストレスの多い飼い犬生活を送る犬にビタミンCを供給することは、健康維持のためにも有益でしょう。しかも、ビタミンCは水溶性ビタミンですから、余計な分は排泄され、体に悪影響を及ぼしません。

脂溶性ビタミンのA・D・E・Kに対しては、過剰症を心配する方が多いようです。しかし、通常の食生活でビタミンをとり過ぎて病気になることはありえないので、心配は不要です。

また、ミネラルに関しては、犬は自然界では主に植物や土を食べるなどして補給しています。骨より海藻や野菜の方がミネラルの吸収効率は高いといわれています。何も歯を傷める危険をおかしてまで、無理に骨を食べさせる必要はありません。

つまり我々人間の食事を分け与えれば犬に必要な栄養素は十分に揃うはずです。もしも、飼い主さんの体調が思わしくない場合は自身の栄養が足りない可能性もあります。愛犬の手作り食をきっかけに、食生活を見直してみてはいかがでしょう。

Dr.須﨑の ワンポイントアドバイス

犬と人との違いをことさら強調する方は多いようです。たとえば、犬は腸が人間より短いので野菜を食べさせると負担がかかるという説がありますが、消化されなければ、そのまま通過して流れるだけのこと。腸の負担になる心配は全くありません。

犬は常に人間のそばで進化してきたので適応能力がきわめて高く、雑食性の強い動物です。人間の食べ物を与えてはいけないという理由はないでしょう。

糖質

元気のもとになるエネルギー源

ごはんやいも類などに多い糖質は、大切な活力のもと。脳や神経の働きを正常に保つためにも欠かせない重要な栄養素です。

【栄養効果】

エネルギー補給、疲労回復、脳の活性化
解毒作用の促進

Dr.須﨑おすすめの
【糖質を多く含む食品】

白米・玄米・うどん・そば・ハトムギ・さつまいも・りんご・バナナ・いちご・すいか・かぼちゃ・山いも・大豆・小豆・えんどう豆・ヨーグルト

脳や神経組織が機能するために必須

主にエネルギー源として使われる糖質は別名「炭水化物」といい、ごはんをはじめ穀類、めん類、いも類などに多く含まれています。分子量の大きさによって、単糖類、二糖類、多糖類の3種類に分けられ、働きもそれぞれ異なっています。

体内に入った糖質は消化・吸収された後、グルコース（ブドウ糖）に分解されて、周辺組織に取り込まれエネルギーとして利用されます。脳細胞や神経組織、赤血球などのエネルギー源となる栄養素は、糖質のグルコースに限られます。

糖質はどれも単糖類であるブドウ糖として代謝が行なわれるので、果物やはちみつなどの単糖類は吸収がよく、体に負担をかけません。食べると血糖値がすぐに上がるので、一時的な疲労回復やエネルギー補給には、天然果汁が最適です。

一方で、吸収しやすいだけに体内で脂肪に変わりやすい性質もあります。また、虫歯のもとにもなるので、くれぐれもとり過ぎには注意しましょう。

犬に糖質を与えてはいけない？

犬には糖質を与えなくても、たんぱく質を十分量供給すれば生きていけるという実験結果があります。つまり、たんぱく質を分解して体内で糖質を作れるということです。しかし、この説を間違って糖質を与えてはいけないと思い込んでいる人も多いようです。「与えなくてもいい」と「与えてはいけない」とでは意味が違います。誤解のないように気をつけてください。

●過剰に摂取するとどうなる？

余った糖質は肝臓にグリコーゲンとして蓄えられますが、さらに過剰になると脂肪に合成され、体脂肪として蓄積します。

したがって、とり過ぎは肥満につながり、糖尿病などの生活習慣病の要因になります。

●不足するとどうなる？

体を構成するたんぱく質や体脂肪が分解され、エネルギーとして利用されます。これによって筋肉が減少し始めます。

また、全身にエネルギーが行き渡らず、疲れがちになります。

Dr.須崎アドバイス

与えてはいけないという誤解のないように。
糖質は犬にも重要なエネルギー源になります。

脂質

効率のよいエネルギーを供給

脂質といえばダイエットの大敵。でも、重要な役割もたくさん担っています。体に良い脂質をバランスよくとりましょう。

【栄養効果】

エネルギー貯蔵、動脈硬化予防
生活習慣病予防、脳の機能維持

Dr.須崎おすすめの【脂質を多く含む食品】

マグロ・サバ・サンマ・イワシ・カツオ・ブリ・タチウオ・レバー・牛肉・大豆・くるみ・アーモンド・アボカド・鶏皮・オリーブ油・ごま油・キャノーラ油

体によい脂肪酸を積極的にとろう

とかく悪者扱いされがちな脂質ですが、細胞膜や血液など体の構成成分としてなくてはならない栄養素です。脂溶性ビタミンの吸収を促進したり、神経の働きにも深く関わっています。

一番の特徴はエネルギー価の高さ。少量で多くのエネルギーを効率よく得られます。しかし、それだけにとり過ぎると肥満につながってしまいます。

脂質は脂肪酸からできていますが、構造の違いによって飽和脂肪酸と不飽和脂肪酸に分かれます。肉や乳製品などの動物性脂肪に多く含まれるのが飽和脂肪酸、青魚や植物性油に多いのが不飽和脂肪酸です。

飽和脂肪酸は体内でコレステロールを作る材料になります。過剰に摂取すると、コレステロールや中性脂肪が増え過ぎ、動脈硬化の誘因になります。

逆に、不飽和脂肪酸にはコレステロールを減らす働きがあります。さらにリノール酸やリノレン酸など、体内で合成できないため食べ物からの摂取が必要な必須脂肪酸が含まれています。

ダイエット中に脂質の摂取は不要？

飼い主さんの中には、ときどきダイエットのために脂肪分を全く与えないという人を見かけます。すると、皮膚がカサカサになり、ついには体調不良を訴えるまでになってしまいます。脂質を控えめにした方がいいケースでも、摂取しなくていいというわけではありません。その点を間違わないように、ダイエットには動物性より植物性のものを中心にして与えましょう。

過剰に摂取するとどうなる？

エネルギー過多になり、肥満を招いたり、進行させます。

特に飽和脂肪酸をとり過ぎると、動脈硬化をはじめ心臓病、糖尿病などの生活習慣病になるリスクが高まり、ガンの誘因となる可能性もあります。

不足するとどうなる？

全身の皮膚が乾燥してかさつき、傷が治りづらくなります。

また、エネルギーが不足することで免疫力が低下して、皮膚病や感染症にかかりやすくなります。

Dr.須崎アドバイス

肥満を気にして脂質を全く与えないと悪影響も。植物油や青魚を手作り食に取り入れましょう。

たんぱく質

体の大切な部分を作る主成分

丈夫な体作りのために、たんぱく質は欠かせない栄養素。必須アミノ酸のバランスでその栄養価は決まるといわれています。

【栄養効果】

成長の促進、脳の活性化、精神安定
免疫力の向上

Dr.須崎おすすめの
【たんぱく質を多く含む食品】

卵・牛肉・鶏肉・豚肉・レバー・アジ・イワシ・サバ・シャケ・マグロ・ウナギ・トビウオ・エビ・大豆・豆腐・枝豆・カッテージチーズ・牛乳

動物性と植物性を合わせてバランスよく

体を作り、生命活動を維持するために不可欠の栄養素です。筋肉や臓器、皮膚、血管などの体の基本となる組織をはじめ、ホルモンや酵素、免疫抗体などもすべて、たんぱく質からできています。特に、体の発達のめざましい成長期には多量のたんぱく質が必要です。

たんぱく質は約20種類のアミノ酸が結合したもので、その種類や含有量によって性質が異なります。アミノ酸は体内でも合成できますが、合成量が不足するものを必須アミノ酸といい、必ず食品から摂取しなければなりません。その必須アミノ酸をバランスよく含むたんぱく質を、栄養価的な価値の高い「良質たんぱく質」といいます。

肉や魚介類に含まれる動物性たんぱく質は必須アミノ酸をバランスよく含むので、効率のよい摂取が可能ですが、一方で脂質やコレステロールも多く含まれます。豆類や穀類に豊富な植物性たんぱく質と組み合わせて、食事に取り入れることを心がけたいものです。

必須アミノ酸が足りているか心配？

たんぱく質といえば、必須アミノ酸が含まれているかをことさら気にする方がいますが、日頃から肉や魚などをいろいろと食べていれば不足することはありえないので心配不要です。アレルギーなどで完全なベジタリアン生活を送っていれば、抵抗力が落ちる可能性もあります。そういう場合の摂取不足はまず毛の質の変化に表れるので、注意して観察してください。

●過剰に摂取するとどうなる？

たんぱく質は体内に蓄えられないので、過剰な分は尿となって排泄されます。ただし、大量に排泄されるとカルシウムの排泄量も増加するので、骨がもろくなる可能性が高まります。

●不足するとどうなる？

皮膚が荒れ、ケガの回復が遅れます。スタミナが低下して、疲れがちになります。

免疫力も低下して、感染症にかかったり、成長期には発育障害が見られる場合もあります。

Dr.須崎アドバイス

通常の食生活なら必須アミノ酸不足の心配は不要。特殊なケースで気になる場合は毛の変化に注意を。

食物繊維

腸内の有害物質の排出を促進

便秘解消からガン予防まで幅広い効能で知られる食物繊維。体重管理が必要な肥満犬や便秘になりやすい老犬は必須です。

【栄養効果】

便秘解消、生活習慣病予防、肥満防止
排毒作用の促進

Dr.須﨑おすすめの
【食物繊維を多く含む食品】

ごぼう・ブロッコリー・さつまいも・モロヘイヤ・かぼちゃ・きのこ・大豆・納豆・小豆・いんげん豆・アーモンド・わかめ・ひじき・昆布・キウイ・玄米

多くの効用を持つ「第6の栄養素」

かつては栄養素の吸収を阻害するものと思われ、全く評価されなかった食物繊維ですが、昨今では健康維持や生活習慣病の予防に役立つ機能が次々と明らかになってきました。5大栄養素に次ぐ「第6の栄養素」として、大いに注目を集めています。

食物繊維のほとんどは吸収されず、体外に出てしまいます。しかし、腸内でふくらみ、水分を吸収する性質があることから有害物質を吸着して、排出を促進します。毒素を分解する腸内細菌の活動をサポートする働きもあります。よって、排便がスムーズになり、便秘が解消されるのです。

また、海藻や果物に多く含まれる水溶性食物繊維には、血中のコレステロールを減少させたり、血糖値の急上昇を抑制する働きもあります。そのため、動脈硬化や糖尿病の予防にも効果を発揮します。

さらに、消化・吸収されずにふくらむ食物繊維は、満腹感を長持ちさせるので、体重管理にも役立ちます。

消化できない 繊維は胃腸に負担？

犬は食物繊維を消化できないので、胃腸の負担になるから与えてはいけないという間違った情報が流れています。人間も含め、食物繊維を体内の酵素で消化できる動物は存在しません。犬に負担がかかるなら人間にもかかるはず。人についてはそんな話を聞かないように、食物繊維をとって病気になることはありません。安心して、食物繊維の多い食べ物を与えてください。

●過剰に摂取するとどうなる？

通常の食事ではとり過ぎることはありませんが、大量にとると下痢を起こす場合があります。

長期間にわたって過剰摂取が続くと、カルシウムや鉄などの吸収を阻害して、ミネラル不足になる可能性もあります。

●不足するとどうなる？

腸の働きが低下して、便秘がちになります。腸内に有害物質が長期間滞ることで、大腸ガンになるリスクも高まります。

また、血糖値が上昇しやすくなり、糖尿病を引き起こします。

Dr. 須﨑 アドバイス

食物繊維を消化できなくても負担にはなりません。そのまま体外に出ることで解毒にも役立ちます。

ビタミンA
目を守り、免疫力を高める

β-カロテンには油を使って吸収率アップ

目のビタミンとも呼ばれるビタミンAは、目の健康のために欠かせない栄養素です。目の粘膜の成分になり、視力を正常に保つ働きがあります。

皮膚や骨の健康維持にも大きな役割を果たしています。さらに、粘膜の形成に深く関わって病原体の侵入を防ぎ、感染症を予防します。

ビタミンAはレバーなど動物性食品に含まれるレチノールと主に緑黄色野菜に含まれるカロテンに分かれます。カロテンは体内で必要な分だけAに変わって機能します。

中でも、β-カロテンにはガン抑制の効果が広く認められています。β-カロテンを効率よくとるには油脂を一緒に摂取すること。野菜を油で炒めると吸収率がアップします。

Dr.須﨑おすすめの
【ビタミンAを多く含む食品】
レバー・卵黄・ウナギ・のり・春菊・にんじん・かぼちゃ・ほうれんそう

不足すると・過剰になると
不足すると、粘膜が弱くなり、感染症にかかりやすくなります。皮膚障害や目のトラブルも起こります。
過剰になると、急性中毒症を起こして嘔吐したり、体重が減少します。

ビタミンC
抗ガン・抗ストレスに働く

ストレスで大量消費 食事ごとの補給を

美肌効果の広く知られるビタミンCですが、他にもいろいろな働きをしています。

まず、コラーゲンの生成に不可欠で、筋肉や皮膚、骨や歯を強化します。免疫機能をサポートする作用もあるため、細菌やウイルスの侵入を防ぎ、感染症を予防します。

また、ストレスが加わると大量に消費されるので、ストレスへの抵抗力を高めるためにも、ビタミンCの補給は有益です。

最近、特に注目を集めているのは抗ガン作用です。体内の発ガン性物質の合成を抑制し、細胞に侵入するのを防ぐ働きがあるといわれています。

なお、ビタミンCは摂取しても2、3時間で排泄されるので、食事ごとに取り入れたいものです。

Dr.須﨑おすすめの
【ビタミンCを多く含む食品】
ブロッコリー・かぼちゃ・ピーマン・さつまいも・青菜・いちご・みかん

不足すると・過剰になると
不足すると、傷が治りにくく、骨折しやすくなり、成長障害も現れます。病原体への抵抗力が弱まり、感染症にもかかりやすくなります。
水溶性なので過剰症はありません。

ビタミンD
丈夫な骨作りの必須ビタミン

カルシウムの吸収を促進して骨を形成

植物性のビタミンD_2と動物性のビタミンD_3があり、D_3は太陽の紫外線を浴びると体内で合成できます。ただし、犬の場合は合成量が少ないので食べ物で補給しなければなりません。

もっとも重要な働きは、カルシウムとリンの吸収を促し、骨や歯に沈着させることです。成長期には特に大切で、丈夫な骨作りのために欠かせない栄養素です。

また、血液のカルシウム濃度の調整にも深く関わり、血中のカルシウム濃度を一定に保ちます。

カルシウムが十分に供給され、ビタミンDが正常に機能していると、歯や骨の健康を維持できるだけでなく、ストレスを解消し、精神の安定にも役立ちます。

Dr.須崎おすすめの

【ビタミンDを多く含む食品】

シャケ・サンマ・アジ・しらす干し・干ししいたけ・きくらげ・まいたけ

不足すると・過剰になると

不足すると、骨が曲がるなどの異常が出て、発育不良になります。

過剰になると、カルシウムが異常沈着する高カルシウム血症を起こし、嘔吐、下痢などで体重が減ります。

ビタミンE
強い抗酸化作用で老化を防止

ガンや動脈硬化予防にも効力を発揮

老化防止に効果のあるビタミンとして近年、注目されているのがビタミンEです。

現在、老化の原因のひとつと考えられているのが、活性酸素により細胞膜の脂質が変化した過酸化脂質です。ビタミンEは脂質を酸化させる前の活性酸素と結びつき、強力な抗酸化作用で活性酸素を無害化します。過酸化脂質の生成を防ぐ機能があるため、老化を防止するというわけです。

ガン細胞では過酸化脂質の合成が盛んに行なわれるので、抗ガン作用もあると考えられます。

さらに、ビタミンEには血行をよくする働きがあり、血液中のコレステロールの酸化を防ぐため、動脈硬化を予防する役割も果たしています。

Dr.須崎おすすめの

【ビタミンEを多く含む食品】

イワシ・ハマチ・メカジキ・植物油・かぼちゃ・モロヘイヤ・アーモンド

不足すると・過剰になると

不足すると、貧血を発症したり、動脈硬化を招きます。食欲不振や筋肉の萎縮、皮膚炎も起こります。

過剰に摂取しても、毒性が低く、副作用はないといわれています。

ビタミンK

血液を健康に保ち、骨を強化

出血したときに血液の凝固を助ける

ビタミンKには、主に緑黄色野菜に含まれるビタミンK_1と体内で微生物により作られるK_2があります。他に、添加物として合成されたビタミンK_3が使われています。

血液の凝固に深く関わるビタミンで、出血したときに血を止める重要な働きをしています。一方で、血管内での血液の凝固を抑えて、血栓の予防にも有効です。このように、血液の凝固を促したり、抑制したりすることで、血液の正常な状態を保っています。

さらに、ビタミンKは丈夫な骨作りにも効果を発揮します。カルシウムが骨に沈着する際に必要なたんぱく質を活性化させ、骨からカルシウムが排出されるのを防いでくれます。

Dr.須崎おすすめの

【ビタミンKを多く含む食品】

小松菜・ほうれんそう・モロヘイヤ・かぶの葉・キャベツ・納豆・わかめ

不足すると・過剰になると

不足すると、出血しやすく、止血に時間がかかります。カルシウムの代謝が悪くなり、骨が弱くなります。

通常の食事では、まず過剰症の心配はありません。

ビタミンB_1

糖質の代謝を助け、疲労解消

精神安定にも働く疲労回復のビタミン

ビタミンB_1は糖質を分解し、エネルギーに変えるのを助ける重要な役割を担っています。

米などの糖質をどんなにたくさん摂取しても、B_1が不足していると、エネルギーとして使うことができません。糖質の代謝が滞ると、乳酸などの疲労物質が蓄積して、だるく疲れやすくなり、神経も正常に働かなくなります。糖質は脳の唯一のエネルギー源になるものですから、心身ともにエネルギー不足に陥ってしまうわけです。

ビタミンB_1は「疲労回復ビタミン」とも呼ばれ、疲労回復剤として広く市販されています。運動をした後など、エネルギー消費が多いときには、積極的に食事に取り入れましょう。

Dr.須崎おすすめの

【ビタミンB_1を多く含む食品】

豚肉・鶏レバー・シャケ・ウナギ・タラコ・玄米・大豆・いんげん豆

不足すると・過剰になると

不足すると、全身に疲労感が起こり、手足のしびれやむくみの症状が見られます。食欲が減退し、体重が減少したり、発育不良になります。

水溶性なので過剰症はありません。

ビタミンB_2

皮膚を保護し、成長を支える

細胞の生成を促す 発育促進のビタミン

ビタミンB_2は、細胞の再生を促す重要な働きをしています。ビタミンAとともに、皮膚や粘膜の健康をサポート、傷の治りを早めるのにも役立ちます。

　また、体内でのエネルギー生産に深く関わり、糖質、脂質、たんぱく質をエネルギーに変える反応を助けます。

　成長に欠かせない栄養素でもあり、ホルモン調整の働きをすることから「発育促進ビタミン」とも呼ばれています。妊娠中や成長期には、特に積極的に摂取しなければなりません。

　さらに、体内の有害な過酸化脂質の分解にも貢献しています。抗酸化酵素の補酵素として働き、生活習慣病やガンを予防する効果があります。

Dr.須﨑おすすめの

【ビタミンB_2を多く含む食品】

レバー・ウナギ・サンマ・イワシ・サバ・卵・納豆・ヨーグルト・のり

不足すると・過剰になると

　不足すると、皮膚や粘膜にトラブルが起こり、肌がただれたり脱毛します。食欲不振による成長低下や体重減少などの全身症状も表れます。

　水溶性なので過剰症はありません。

ナイアシン

代謝を促進し、脳をサポート

鉄の欠乏で二次的に不足する可能性も

ビタミンB群の一種であるナイアシンは、主に肉や魚などの動物性食品や豆類、種実類に多く含まれています。

　体内に入ると、エネルギー源となる糖質・脂質の代謝を促進する補酵素として機能します。

　また、皮膚や粘膜の強化にも役立っています。さらに、脳の神経伝達物質の生成に不可欠で、脳神経の働きをサポートしています。

　通常、ナイアシンは必須アミノ酸の一種であるトリプトファンが肝臓で代謝されて合成されますが、それだけでは十分量を満たしません。鉄はトリプトファンをナイアシンにするために必要で、鉄が欠乏すると二次的なナイアシン不足になる可能性もあります。

Dr.須﨑おすすめの

【ナイアシンを多く含む食品】

レバー・豚肉・鶏肉・アジ・カツオ・マグロ・イワシ・玄米・ピーナッツ

不足すると・過剰になると

　不足すると、皮膚炎や口内炎、下痢を起こし、知覚障害が表れます。

　通常の食事では過剰症は起こりませんが、大量に摂取すると嘔吐や下痢、不静脈などを起こします。

パントテン酸

副腎を刺激して、ストレス緩和

免疫力をアップする抗体の生成を促進

ギリシャ語の「いたるところに存在する」の意味を持つ、パントテン酸はその名のとおり、ほとんどすべての食べ物の中に含まれています。脂質・糖質・たんぱく質からのエネルギー生成に欠かせない補酵素の主成分となるため、あらゆる組織に必要なビタミンです。

また、ストレスへの抵抗力をつけるためにもパントテン酸は不可欠です。副腎機能を刺激して、ストレスを和らげる働きのある副腎皮質ホルモンの生成を促進します。さらに、免疫抗体を合成して免疫力を高めたり、神経伝達物質の合成にも関わっています。

パントテン酸は腸内細菌により合成されるので、普通に食事していれば欠乏症は起こりません。

Dr.須崎おすすめの

【パントテン酸を多く含む食品】

レバー・シャケ・サンマ・ウナギ・納豆・モロヘイヤ・干ししいたけ

不足すると・過剰になると

不足すると、疲れやすくなり、皮膚炎や脱毛が起こります。食欲が減退し、免疫力の低下によって、感染症にもかかりやすくなります。

水溶性なので過剰症はありません。

ビタミンB_6

たんぱく質・脂質の代謝を促進

肝臓への脂肪の蓄積を抑える効果も

たんぱく質の生成や分解に、ビタミンB_6は不可欠です。肉や魚など、たんぱく質を多く摂取するほど、その必要量が多くなります。

また、脂質の代謝にも深く関わっています。肝臓への脂肪の蓄積を抑制する働きもあり、脂肪肝の予防にも有益です。

さらに、神経伝達物質のドーパミンやギャバなどの生成もサポートしています。

ビタミンB_6は腸内細菌により合成できるので、通常の食事をしていれば不足する心配はありません。

ただし、ビタミンB_6が活性型ビタミンになるにはビタミンB_2が必要。B_2を豊富に含んだ食品と合わせてとるのが効率的です。

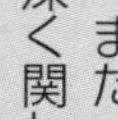

Dr.須崎おすすめの

【ビタミンB_6を多く含む食品】

レバー・卵・鶏肉・シャケ・マグロ・イワシ・さつまいも・バナナ・ごま

不足すると・過剰になると

不足すると、皮膚炎や貧血、食欲不振による発育不良が見られます。

通常の食事では過剰症は起こりませんが、大量に摂取すると運動障害が起こり、平衡感覚を失います。

葉酸

細胞の生成と造血作用に不可欠

DNAの合成に関与　妊娠中は多めに必要

補酵素として、体内のさまざまな反応に役立っているビタミンです。赤血球の合成をサポートしているので、「造血ビタミン」とも呼ばれ、貧血を予防します。

遺伝子物質DNAの合成にも、重要な役割を果たしています。欠乏すると、細胞の正常な生成が阻害され、成長が遅れます。葉酸の消耗が激しい妊娠中には、必要量が増加。先天性異常の予防のためにも、豊富に含む青菜などの野菜を積極的に摂取しましょう。

さらに、葉酸の動脈硬化を抑制する働きも注目されています。肝臓内で動脈硬化の原因になる物質を必須アミノ酸のメチオニンに変化させることで、動脈硬化や生活習慣病を防ぎます。

Dr.須崎おすすめの
【葉酸を多く含む食品】
レバー・ほうれんそう・モロヘイヤ・ブロッコリー・アスパラガス・枝豆

不足すると・過剰になると
不足すると、疲れやすくなり、皮膚炎や胃腸のかいようを引き起こします。また、白血球が減少して、悪性貧血を発症します。
水溶性なので過剰症はありません。

ビタミンB_{12}

赤血球を合成して、貧血予防

葉酸と力を合わせて　DNAの生成を促進

ビタミンB_{12}は、同じビタミンB群の葉酸と力を合わせて、赤血球のヘモグロビンの合成を助け、貧血を防ぎます。

また、遺伝情報を司るDNAやRNAを生成する葉酸をサポートする働きもあります。細胞の増殖やたんぱく質の合成にも不可欠のビタミンです。

さらに、中枢神経や脳の働きの維持にも役立っています。

なお、ビタミンB_{12}の必要量はごくわずか。腸内細菌によっても合成されるため、通常の食生活を送っていれば、欠乏症の心配はありません。

ただし、ビタミンB_{12}は胃粘膜から分泌されるたんぱく質の一種と結合して吸収されるため、胃に異常がある場合は補給が必要になります。

Dr.須崎おすすめの
【ビタミンB_{12}を多く含む食品】
レバー・豚肉・卵・イワシ・サンマ・サバ・アサリ・シジミ・カキ・のり

不足すると・過剰になると
不足すると、葉酸の機能が低下して造血作用がスムーズに働かず、貧血を起こします。全身がだるく、食欲不振になり、発育が阻害されます。
水溶性なので過剰症はありません。

ビオチン

皮膚の健康を守り、脱毛を防ぐ

アレルギーやアトピーの抑制効果にも注目

　皮膚炎を治す因子としてドイツで発見されたビオチンは、ドイツ語で皮膚の頭文字がHとなることから、ビタミンHとも呼ばれています。

　ビオチンは皮膚の健康維持のために必須のビタミンです。脱毛防止や爪の強化にも有効です。

　さらに近年、アトピー性皮膚炎やアレルギーに対する効果も注目されています。アレルギーを起こす化学物質、ヒスタミンのもとになるヒスチジンを除去する働きがあるといわれているのです。

　ビオチンは多くの食べ物に含まれているので、普通に食事していれば欠乏症は起こりません。ただし、ビオチン欠乏を招く生の卵白には注意が必要。気になる場合は加熱調理するといいでしょう。

Dr.須﨑おすすめの

【ビオチンを多く含む食品】

レバー・鶏肉・卵・シャケ・イワシ・きな粉・ヨーグルト・ピーナッツ

不足すると・過剰になると

　不足すると、食欲不振になり、成長障害を起こします。皮膚炎や関節炎などの症状の他、毛並みの悪さもビオチン欠乏の可能性があります。

　水溶性なので過剰症はありません。

コリン

動脈硬化や脂肪肝の予防に有効

神経伝達物質を生成　要求量の多さが特徴

　コリンは細胞膜や神経組織のもとになるレシチンや神経伝達物質であるアセチルコリンの材料になります。

　レシチンにはコレステロールの沈着を抑制する作用があり、アセチルコリンには血液の循環をよくする作用があります。そのため、これらを構成する成分となるコリンを摂取することは、動脈硬化や脂肪肝の予防につながります。

　ビタミンB群に分類されるコリンですが、他のB群のように代謝を促進する酵素を助ける役割は認められません。要求量が格段に多く、B群とは別に扱う場合もあります。

　なお、コリンは体内でも合成されますが、要求量も多いため、食事で補う必要があります。

Dr.須﨑おすすめの

【コリンを多く含む食品】

レバー・牛肉・豚肉・大豆・豆腐・卵・さつまいも・とうもろこし

不足すると・過剰になると

　不足すると、神経伝達物質が減るため、神経障害が起こりやすくなります。成長抑制が見られ、脂肪肝や腎不全なども発症します。

　水溶性なので過剰症はありません。

カルシウム

骨・歯を作り、精神安定に効果

重要な生理機能の調整に数多く携わる

体内にもっとも多く存在するミネラルがカルシウムです。骨や歯を形成して、体を支える重要な役割を果たしています。

他にも、カルシウムは筋肉の収縮をはじめ、細胞の増殖や血液の凝固、ホルモンの分泌など、多様な生理機能の調整に携わっています。

また、細胞間の情報伝達にも作用しています。欠乏すると骨や歯だけでなく、脳や神経にまで悪影響を及ぼします。カルシウムの補給がイライラ解消に役立つといわれるのは、そのためです。

カルシウムの吸収率はリンとマグネシウムとの関連が深く、カルシウム1～2に対し、マグネシウム1、リン1のバランスで摂取するのが効果的といわれています。

Dr.須﨑おすすめの

【カルシウムを多く含む食品】

煮干し・アジ・納豆・豆腐・小松菜・ひじき・わかめ・昆布・チーズ

不足すると・過剰になると

不足すると、骨がもろくなり、骨折しやすくなります。神経過敏になるなど、精神面にも影響を与えます。

過剰になると、嘔吐や腹痛、下痢など高カルシウム血症を起こします。

リン

骨を形成し、神経伝達を補助

食品添加物によるとり過ぎに注意を

カルシウムに次いで、体内に多いミネラルがリンです。カルシウムと同じく、丈夫で健康な骨や歯を作るために欠かせないミネラルです。

また、DNAやRNAの成分となる核酸の生成にも深く関わるとともに、細胞膜を構成する成分にもなっています。

さらに、糖質・脂質・たんぱく質の代謝を促す働きもあります。

体液に含まれるリン酸塩は、ペーハー値を一定に保ち、浸透圧の調節を行なったり、神経の伝達をサポートしています。

リンは多くの加工食品に添加物として使われています。そのため、過剰になりやすい傾向があります。摂取に際しては、カルシウムとのバランスに注意したいものです。

Dr.須﨑おすすめの

【リンを多く含む食品】

卵・削りガツオ・大豆・高野豆腐・のり・昆布・ヨーグルト・牛乳

不足すると・過剰になると

不足すると、骨の成長が阻害され、成長期には発育不良になります。虚弱になり、繁殖力が低下します。

過剰になると、骨や歯が弱くなり、腎疾患を発症します。

マグネシウム

骨の成分となり、血圧を調整

酵素の活性化を促し抗ストレスにも有効

マグネシウムの半量以上は骨格内に貯蔵され、骨や歯を構成する重要な成分になっています。

全身の細胞内に含まれるマグネシウムは体内のミネラルバランスを調整したり、血圧や体温を維持する作用があります。

さらに、酵素の活性化をサポート。酵素反応を介して、糖質やたんぱく質の代謝を促進します。

抗ストレスにも働きかけ、神経の興奮を抑えたり、血圧を下げる効果もあります。

マグネシウムの摂取に際してはカルシウムとのバランスが大切で、カルシウムの半量程度が望ましいといわれています。

また、カルシウムと同様、リンを過剰摂取すると吸収が悪くなるので、注意が必要です。

Dr.須崎おすすめの

【マグネシウムを多く含む食品】

ほうれんそう・大豆・納豆・小豆・ひじき・アーモンド・ピーナッツ

不足すると・過剰になると

不足すると、不静脈を起こし、心臓病のリスクが高まります。精神が不安定になり、体重が減少します。

過剰になると、吐き気や下痢など高マグネシウム血症を招きます。

カリウム

体内のペーハーバランスを維持

過剰な塩分を排出し高血圧を予防する

細胞内液に含まれるカリウムは、細胞外液に多く含まれるナトリウムと一緒になって、細胞内のペーハーや浸透圧を維持する働きがあります。

細胞内にナトリウムが増えると、バランスを保つ機能が働き始めます。ナトリウムと細胞外のカリウムを交換して、ナトリウムの増加を抑制するのです。この際、カリウムが不足していると、ナトリウムの排出ができず、細胞内で過剰になり結果的に、高血圧を引き起こしてしまいます。

したがって、塩分の多いものを食べたときにはカリウムも多く摂取する必要があります。カリウムは調理による損失が大きく、不足しがちですので、十分な量をとるように心がけたいものです。

Dr.須崎おすすめの

【カリウムを多く含む食品】

青菜・トマト・さつまいも・山いも・納豆・いんげん豆・りんご・海藻類

不足すると・過剰になると

不足すると、下痢や嘔吐など、低カリウム血症を起こします。心臓病を発症するリスクも高まります。

通常の食生活では、過剰になる心配はありません。

鉄
ヘモグロビンの成分として必須

貧血予防のために効率のよい摂取を

赤血球のヘモグロビンの構成成分となる鉄は、機能鉄と呼ばれます。機能鉄は酸素を全身の組織に運ぶ重要な役割を担っています。そのため、鉄が不足すると、体が酸欠状態に陥り、貧血症状が表れます。

その他の鉄は、肝臓や筋肉などに貯蔵されます。これらは機能鉄が欠乏すると、速やかに補充され貧血を防ぎます。

食品中の鉄は、ヘム鉄と非ヘム鉄に分類されます。主に肉類に含まれるヘム鉄は吸収率が高いのですが、植物性食品に多い非ヘム鉄は５％程度しか吸収されません。

また、ビタミンＣには鉄の吸収率を高める効果があるので、Ｃが豊富な野菜や果物を合わせれば効率的に摂取できます。

Dr.須崎おすすめの

【鉄を多く含む食品】

レバー・イワシ・カツオ・アサリ・豚肉・青菜・納豆・ひじき・煮干し

不足すると・過剰になると

不足すると、疲れやすくなり、貧血を起こします。免疫力が低下して、感染症にもかかりやすくなります。

過剰になると、嘔吐や頭痛など急性中毒の症状が見られます。

亜鉛
皮膚を健康に保ち、発育を促進

欠乏すると味覚障害を起こす可能性も

全身の組織に広く分布する亜鉛ですが、特に皮膚や毛に多く含まれています。そのため、亜鉛が欠乏すると、皮膚の異常が最初の症状として出てきます。

また、亜鉛は多くの酵素を活性化する働きがあります。たんぱく質や糖質の代謝、ホルモン分泌や免疫機能の維持などに関わり、生命活動の根幹を支えています。

とりわけ、細胞の生成には不可欠です。亜鉛とたんぱく質が結合して細胞分裂を行ない、発育を促進し、皮膚や味覚細胞が正常に保たれます。不足すると、味覚障害が起こると考えられています。

さらに、ＤＮＡの合成にも関与しているので、亜鉛は遺伝情報の伝達にも欠かせません。

Dr.須崎おすすめの

【亜鉛を多く含む食品】

レバー・牛肉・豚肉・卵・ウナギ・アサリ・大豆・納豆・のり・ごま

不足すると・過剰になると

不足すると、皮膚に異常が表れ、感染症にかかりやすくなります。成長期には、発育不良が起こります。

通常の食生活では、過剰になる心配はありません。

銅

ヘモグロビンの生成をサポート

抗酸化酵素になって生活習慣病を予防

銅は鉄と深い関係があります。赤血球中のヘモグロビンが酸素と結びつくには鉄が不可欠ですが、その際、同時に銅もなければ鉄を送り込むことがスムーズにできません。銅は貯蔵されている鉄を、ヘモグロビンに吸収する働きを助けています。

したがって、鉄が十分にあっても銅が不足していると、鉄欠乏と同様の貧血になってしまいます。

また、銅は多くの酵素の成分になっています。コラーゲンなどたんぱく質の生成を助ける酵素となり、皮膚や骨を丈夫にするためにも役立ちます。

他にも、注目されているのが亜鉛やマンガンとともに抗酸化酵素ＳＯＤを作る働きです。活性酸素を除去し、老化や生活習慣病も予防します。

Dr.須﨑おすすめの

【銅を多く含む食品】

レバー・シジミ・エビ・豆腐・納豆・そら豆・きのこ・カシューナッツ

不足すると・過剰になると

不足すると、疲れやすくなり、貧血を起こします。成長期には骨が弱くなるなど、成長遅延が起こります。

通常の食生活では、過剰になる心配はありません。

マンガン

酵素を活性化して抗酸化に働く

成長や繁殖のために不可欠のミネラル

マンガンの主な作用は、補酵素として多くの酵素を活性化することです。糖質・脂質・たんぱく質の生成にも関わり、エネルギーの産生に役立っています。

中でも、骨の形成に欠かせないミネラルで、不足すると発育不全が起こります。軟骨の合成に必要な酵素の成分にもなっています。

また、性ホルモンの分泌にも関与して、欠乏すると生殖機能に障害が起こり、繁殖能力が低下してしまいます。

さらに、マンガンは体内の抗酸化作用を担う酵素であるＳＯＤの構成成分としても広く知られています。過酸化物質の生成を抑制して、老化や生活習慣病の予防にも働きかけます。

Dr.須﨑おすすめの

【マンガンを多く含む食品】

卵・シジミ・納豆・ヘーゼルナッツ・モロヘイヤ・玄米・のり・ショウガ

不足すると・過剰になると

不足すると、骨や軟骨が弱り、発育不全を起こします。また、生活習慣病にかかるリスクも高まります。

通常の食生活では、過剰になる心配はありません。

ヨウ素

大切な甲状腺ホルモンの原料

皮膚を健やかに保ち　ダイエット効果も

　体内のヨウ素の大部分は、のどの下にある甲状腺に存在します。甲状腺内ではヨウ素を原料として、甲状腺ホルモンが作られます。

　甲状腺ホルモンには、細胞の酸素消費量を調整して、エネルギー生産や脳の働きを助け、基礎代謝を促す働きがあります。成長や生殖、筋肉の機能にも重要な役割を果たしています。ヨウ素が欠乏すると、甲状腺が必要なヨウ素を取り込もうと肥大して、欠乏症である甲状腺腫を発症します。

　他にも、ヨウ素は体温の維持や呼吸の促進、皮膚の健康を維持するなど、多くの作用に関与しています。さらに、最近ではコレステロールの蓄積を防ぐダイエット効果にも注目が集まっています。

Dr.須崎おすすめの

【ヨウ素を多く含む食品】

イワシ・サバ・カツオ・ブリ・タラ・わかめ・ひじき・昆布・のり

不足すると・過剰になると

　不足すると、甲状腺腫になります。疲れやすくなり、脱毛や貧血、むくみなどの症状が出てきます。

　過剰になると、欠乏した場合と同様に甲状腺腫を引き起こします。

セレン

抗酸化作用で細胞の酸化を防ぐ

ガンを抑制する　抗酸化酵素の主成分

　セレンには活性酸素を分解し、体を酸化から守る働きがあります。

　中性脂肪などの脂質は活性酸素により酸化すると有害な過酸化脂質に変わりますが、これを解毒するのがグルタチオンという物質です。このグルタチオンと過酸化脂質を引き合わせ、有害物質を排除する抗酸化酵素グルタチオンペルオキシターゼの主成分がセレンです。

　グルタチオンペルオキシターゼは強い抗酸化力を示し、細胞膜の酸化を防ぎます。中でも、もっとも有毒な活性酸素といわれるヒドロキシラジカルを除去する作用があり、ガンを防止します。

　他にも、セレンは数多くの難病への有効性が期待されていて、研究が進んでいます。

Dr.須崎おすすめの

【セレンを多く含む食品】

卵・鶏肉・イワシ・カツオ・カレイ・アジ・タラ・わかめ・昆布・玄米

不足すると・過剰になると

　不足すると、脱毛が起こり、老化現象が表れ、繁殖力が低下します。

　過剰になると、爪がもろくなり、脱毛します。嘔吐や下痢など、消化器官にも悪い影響を及ぼします。

犬に食べさせてはいけない食材

ほんの少しの配慮で安心

何でも食べられる雑食性の犬ですが、与えない方がよい食材もあります。ちょっとした心配りでリスクを回避してください。

香辛料

嗅覚の強い犬は、香辛料など香りの強い食べ物を好みません。もちろん、平気な犬も多いのですが、デリケートな犬の場合は食べると胃腸に刺激を受けて、下痢をするなどのトラブルを起こす可能性があります。

基本的にはあまりおすすめしませんが、薬効があるといわれるハーブなどを手作り食に加えるときはほどほどに。犬が嫌がらない程度の量なら、与えてもいいでしょう。

お菓子

犬はもともと甘党ですから、お菓子を与えると喜んで食べます。しかし、人間と同じように糖分の多いものをとり続けると肥満につながり、生活習慣病を誘発する原因になります。

特にチョコレートに含まれるテオブロミンは心臓や中枢神経系を刺激して、ひどい場合はショック状態をもたらします。

おやつには甘い野菜を活用するなどして、お菓子はできるだけ食べさせないでください。

消化の悪いもの

イカ、タコ、カニ、エビなどの甲殻類は下痢の原因になる可能性があります。ただ、食べて苦しんでいるときは動物病院に連れて行くべきですが、下痢をしても元気なら心配はいりません。消化できなかったのだなという程度に受け止めてください。

タウリンなどの有効成分を含むこれらの食材は、体質改善にも有益です。細かく刻んで煮込んだり、ひと手間かけて食べさせれば問題はないでしょう。

ねぎ類

長ねぎや玉ねぎ、あさつき、ショウガ、ニラ、らっきょう、ニンニクなどのねぎ類には、アリルプロピルジスルフィドという赤血球を破壊する成分が含まれています。そのため食べると血尿が出るようになり、貧血を起こします。これが、「タマネギ中毒」と呼ばれる症状です。

ただし、個体差があって食べても全く平気な犬も少なくありません。たとえ、うっかり食べさせてしまっても、よほど大量に常食しない限り、食べるのをやめれば症状は落ち着きます。

もしも、それでも貧血状態が続くようなら、迷わず動物病院に連れて行ってください。

消化器を傷つけるもの

加熱した獣骨や魚の硬い骨は消化器に刺さる可能性があります。一般的には、生のものは安心して与えられるといわれていますが、もちをのどに詰まらせる人がいるように、やはり中には刺さってしまう犬もいます。

そうなると手術を受けて、取り除くしか方法はありません。硬い骨をかじったために、歯が折れてつらい思いをしている犬はけっこう多いものです。

カルシウムの供給源は骨の他にも海藻や野菜など、いろいろあります。心配なら与えないこと。与える場合は、圧力鍋でポロポロになるまで煮込んでから食べさせましょう。

その他

生卵の白身に含まれるアビジンという成分は、ビタミンの一種であるビオチンの吸収を阻害します。長期にわたって大量に摂取すると、疲れやすく食欲不振になり、皮膚炎を起こす場合も。卵を与えるときは、加熱してから食べさせましょう。

じゃがいもの芽には、ソラニンという中毒を起こす物質が含まれています。芽が出たらすぐに処分して、犬が知らないうちに食べてしまったということのないように気をつけてください。

カフェインには、不静脈を起こす危険性があります。コーヒーや紅茶、緑茶は積極的に飲ませるものではありません。

サプリメントについて

手作り食にプラスは効果的？

栄養を補給するサプリメントを自分用に使っている人は多いはず。さて、愛犬の手作り食にプラスするのも効果あり？

犬にもサプリメントは必要なの？

たとえば、あなたの愛犬は野菜嫌いだったり、海藻は全く受け付けないというようなワガママをいいますか。そういう場合でしたら、サプリメントを使ってもいいでしょう。ただ糖質・脂質・たんぱく質に関しては不足することは考えられないので、補給が必要なのはビタミン・ミネラル類になります。

　また、病気がちで虚弱な犬の場合も、獣医師に相談の上、サプリメントの摂取を検討してください。最近では、体の不調に応じたいろいろなサプリメントが出回っています。体調に合わせて、取り入れてみてもいいでしょう。

人間用？動物用？

動物用のサプリメントも市販されていますが、犬に人間用を与えてはいけないという理由はありません。やはり人間用の方が品質が高いのは当然ですが、品質さえ確かなものでしたら、どちらを使ってもいいでしょう。

　ただし、人間用サプリメントを用いる場合は量に注意が必要です。過剰摂取すると問題のある栄養素に関しては、小型犬は3、4日に1錠与えるなど、体重に応じて加減してください。

経験豊富な獣医師の指導のもとで使用を

サプリメントの使用に際しては、きちんとした食事のアドバイスができる経験豊富な獣医師の指導を受けましょう。中には自分勝手に、全く的外れな選択をしている方も多いようです。

よく見かけるのは、同じような成分のサプリメントを何種類も摂取しているケース。たとえば愛犬の目が悪いと、ブルーベリーにルテイン、カシスもいいからと与えていませんか。たとえ体に悪い影響を与えなくても、無駄になってしまいます。

なぜ、このような誤った選択をしてしまうのか。それは、愛犬の症状にばかり目が向いているからです。

栄養を補うだけでなく排泄促進の視点を持とう

先の例でいえば、目に症状が表れているのは、肝臓に疾患があるせいかもしれません。そうした根本原因に働きかけようとしないで、今、困っている症状だけを何とかして消そうと躍起になっている飼い主さんは非常に多いのです。

また、皮膚病をはじめとする排泄不良が主原因となる疾患に関しては、ビタミンやミネラルを補うことも大切ですが、デトックスのサプリメントが必要です。漢方やハーブなど排泄を促進するものはいろいろとありますが、実際に使用しているケースはあまり見かけません。

さらに、生活習慣病は過剰摂取がもととなる病気ですから、排泄を促すサプリメントは極めて有益に働きます。

まず、「症状を消す」という発想は勇気を持って捨てましょう。なぜ、その症状が出ているのかという根本原因を突き詰めれば、栄養不足ではなく、排泄に問題のある場合がほとんど。排泄がうまくできていない状態に、栄養をどんなに補給しても効果はありません。サプリメントの選択にも、排泄促進という視点を持ってください。

終わりに

　犬のみならず、私たち人間も体には必ず健康になろう、元に戻ろうと働く原理原則があります。この観点から次のようなことが言えます。

「症状は逃れられない結果ではなく、体が『乱れたバランス』を自己治癒力を発揮して元に戻そうとして生じるプロセスに過ぎません。症状を怖がる必要はなく、『乱れたバランス』を元に戻せば、回復する可能性は残されているのです」。

　手作り食を取り入れた動物診療を本格的に始めて7年、日本全国のたくさんの動物と飼い主さんたちとのやりとりで、何が体のバランスを乱すのか？　その原因がだいぶ解明されてきました。大きな原因が体内汚染で、化学物質、病原体、重金属などが要因となり、それらの排泄を手助けしてあげれば、難しい病気も元に戻る可能性があることもわかってきました。

　ただ、生き物に100％はありません。ひとつ解決すればまた新たな課題がやってきます。いつまでも真摯な態度を忘れず、飼い主さんに希望を提供できる獣医師の一人でありたいです。

　当院では毎日新たな発見があります。今後も犬の健康と食事に関する最新情報を、全国の飼い主さんに当院発行のメルマガ、ブログ、ホームページなどでお伝えしていきます。そして、また機会がありましたら、新刊でまとまった情報をお伝えできればと思います。

　これからも、愛犬との楽しい手作り食生活をお楽しみください。最後まで読んでくださって、ありがとうございました。

Information

〈フード〉

須崎動物病院オリジナルフード

「毎日手作り食は難しい、でも、高品質な食材で作られたフードを食べさせたい」という飼い主さんの声でできたフードです。「人でも食べられる食材」ではなく、「人が食べている食材」で作られた保存料フリーのフードは、ふだんの食事はもちろんのこと、ペットホテルに預ける際に喜ばれております。

〈サプリメント〉

デトックス対策サプリメント

病気の原因である体内汚染や体調不良が気になる子、今は何でもないけれど健康で長生きしてほしいと願う飼い主さんにおすすめのサプリメントの通信販売も行なっております。特に口内ケアはどの子にとっても重要な健康管理です。

〈セミナー〉

手作りごはんについて「キチン」と学びたい

「心配なく自分の子を手作りごはんで健康にしたい」「お客様に手作り食の質問を受けることがあるので、適切に答えたい」。そんなペットの手作りごはんについて「キチン」と学びたい方のための通信講座「ペットアカデミー」も運営しております。あなたは、次の問題に的確に答えられますか？

Q．手作り食にしたものの、体調不良が続く場合、他に取り組む課題として考えられるものに何があると思いますか？

解答はこちら→http://www.1petacademy.com

メールマガジン

手作り食の体験談や最新情報をパソコン、携帯のメールマガジンで情報発信しております。ご興味のある方はPCサイト、携帯サイトにアクセスし、ご登録ください。

【お問い合わせ】
〒193-0833　東京都八王子市めじろ台2-1-1　京王めじろ台マンションA-310
TEL. 042-629-3424（月～金　10～13時　15～18時／土・日・祝日を除く）
FAX. 042-629-2690（24時間受け付け）E-mail　pet@susaki.com
PCサイト　http://www.susaki.com　携帯サイト　http://www.susaki.com/m/

※QRコード対応の携帯電話で、
右のバーコードを読み取ってください。
※環境によっては正確に読み取れない場合があります。
※一部の機種で、バーコードから読み取ったURLに
移動できない場合があります。

愛《あい》犬《けん》のための症状《しょうじょう》・目《もく》的《てき》別《べつ》栄《えい》養《よう》事《じ》典《てん》

2008年 1 月24日　第 1 刷発行
2024年12月 4 日　第14刷発行

著　者　須崎恭彦《すさきやすひこ》
発行者　清田則子
発行所　株式会社講談社
〒112-8001　東京都文京区音羽2-12-21
販売　TEL03-5395-3606
業務　TEL03-5395-3615
編　集　株式会社講談社エディトリアル
代表　堺　公江
〒112-0013　東京都文京区音羽1-17-18　護国寺SIAビル6F
編集部　TEL03-5319-2171
印刷所　大日本印刷株式会社
製本所　大口製本印刷株式会社

N.D.C.645 208p 21cm ISBN978-4-06-213988-5